古典建筑与雕塑装饰艺术

第6卷

（奥）A.Raguenet 编著
陈捷　高连兴　译

江苏凤凰科学技术出版社

序言

从起源至今，建筑雕塑的发展历程可以大体分为三个阶段：

1. 宗教风格；
2. 自然主义雕塑风格；
3. 现实主义雕塑风格。

第一种雕塑风格——宗教风格有几种主要的雕塑样式，并从中生化出变化无穷的风格，其艺术灵感来源于那些历史悠久的东方文明：埃及文明和印度文明。

宗教风格的雕刻手法看起来完美无缺，但它的艺术创造性却经常被无法摆脱的狭隘思想所包围、禁锢，往往沦为模式化的复制。

建筑一旦丧失了创造性，便缺少了触动心灵的力量，注定不会拥有持久的生命力。

第二种雕塑风格——自然主义雕塑风格应归属于希腊艺术的范畴。希腊人很早就开始探索和研究大自然，并尝试着表达他们对大自然的印象。可以说希腊人在古埃及的宗教风格中注入了大自然的灵气和精髓。

在法国，早期的雕刻作品水平还比较低，只能算是对外国建筑的粗略模仿、对古罗马建筑的简单复制。

直到11世纪，在拜占庭艺术和高卢罗马艺术的影响下，法国建筑雕塑艺术开始觉醒。

12世纪中期，法国建筑雕塑艺术才真正自成一体，克吕尼（Cluny）在其中发挥了举足轻重的作用。这一时期的建筑尽管依然尚未完全摆脱拜占庭艺术的影子，但其自我意识已经越来越明确，取得了长足的进步。雕刻的素材不再局限于传统因素，而是开始从大自然中汲取灵感，雕刻技艺也取得了重大发展。

随着13世纪的到来，法国雕塑艺术达到了前所未有的高峰。艺术家们自觉地从大自然中获取创作灵感，而不再原班照抄外国既有的雕塑风格。这一时期出现了植物装饰图案，各种本土植物激发了艺术家们的创作潜力。

14世纪，法国出现了现实主义雕塑风格。这一时期的植物装饰图案几乎看不出人工雕琢的痕迹，活灵活现，巧夺天工，仿佛是雕刻师信手摘下直接安放在石头上一样。

15世纪，建筑雕刻技艺本身看起来完美无缺，但构图样式开始矫揉造作，日渐繁芜。

随着16世纪的到来，法国进入了文艺复兴时期。这是属于意大利花叶饰风格的建筑时代，也是属于锯齿状叶饰的时代，花叶饰的枝条极其纤巧，这样的雕塑风格集中体现在弗朗索瓦一世时期的都兰地区。

在亨利二世时期，沉重的几何元素占据了主导地位。

17世纪，也就是路易十三时期，建筑雕塑的特点是艺术形式夸张而烦冗，这一时期是锯齿状装饰艺术的统治时期。

路易十四时期，建筑物上的雕塑出现了复古样式的图案。在路易十四统治初期，雕刻样式稍显凝滞，但到了末期，雕刻样式开始灵动起来，变得越来越优美，为路易十五时期的风格转变埋下了伏笔。

  18世纪，雕塑艺术的发展可以分为两个完全不同的时期。第一个时期的特点是雕刻线条柔美顺和、蜿蜒玲珑，这个时期被称为"洛可可风格"时期或"岩石风格"时期，但这段追求极致的风格只持续了很短的时间。不久之后，复古风潮再度兴起，为人们带来了源源不断的创作灵感。到了路易十六时期——准确地说，自路易十五时期就已开始——艺术风格日趋优雅完美、收放有度而饶有品位。路易十六时期的装饰性雕刻，其精美程度足以与文艺复兴时期的花叶饰相媲美。

  到了拿破仑帝国时期，虽然建筑水平越发完善，但艺术的创造力趋于贫乏，灵感枯竭，一直在复制罗马时期的古建筑，几乎没有任何新的艺术表现力。

  从拿破仑帝国时期至今，没有再出现新的雕刻形式。但艺术家们为创造出一种完全不同于以往的风格而殚精竭虑，做了大量值得称道的努力。

  如今，艺术家们重新回到大自然中，不断寻找新的植物装饰图案。或许他们并没能创造出全新的现代艺术形式，但从某种程度上来说，他们的工作体现了充分的创造性和品味。从另一角度来看，路易十六时期的雕塑风格在当前的复苏，让我们似乎看到了希望——现在的努力都不会白费，我们会在未来见证雕刻艺术的复兴。

***

  下面让我们谈谈这套汇编集录。没有任何同类作品能够与本套丛书丰富而全面的文献相匹敌。这套集录不仅涵盖了法国雕塑一路走来的重要艺术家的作品，还包含了其他国家不同时期的大约14 000幅图样，为建筑师、雕刻师、装饰工作者以及考古学者提供了珍贵的资料。

  本套丛书以字母顺序排列，检索更为方便。想要查阅关于柱头、梁托、檐口、檐壁、雕像等装饰艺术的文献，打开本套丛书即可坐拥这一切。该"词典"可以非常便捷地让您查找到所需的内容，不同时期、不同国家的大量作品会一一呈现在您眼前。

  辑录本套丛书的目的是希望它能够为艺术家所用，为其研究工作提供便利，使其无须花费巨大代价即可拥有丰富而实用的素材。这便是我们一以贯之的追求。

目录

喷泉 Fountain (Fontaine)   006

框饰 Frame (Cadre)   094

回纹饰 Fret (Grecque)   126

镶板雕带 Frieze (Frise)   134

廊台 Gallery (Galerie)   214

嘎咕鬼 Gargoyle (Gargouille)   222

花叶边饰 Garland (Guirlande)   254

门 Gate (Porte)   270

喷泉 Fountain (Fontaine)

巴黎雷维方的寓所大院，美丽芬芳街
建筑师：L. 索尔尼尔　比例 1：20

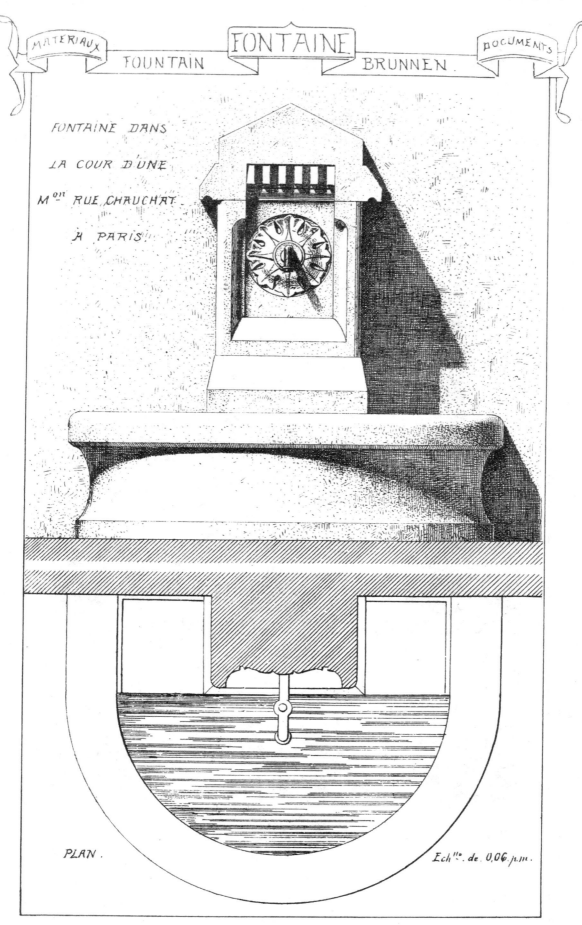

巴黎肖沙街上某寓所院子里的喷泉平面图　比例 1：16.7

老佛爷街 99 号的寓所院子，位于巴黎
建筑师：芒甘

BIBLIOTHÈQUE NATIONALE DE PARIS (ESTAMPES)

位于巴黎的法国国家图书馆（压模）

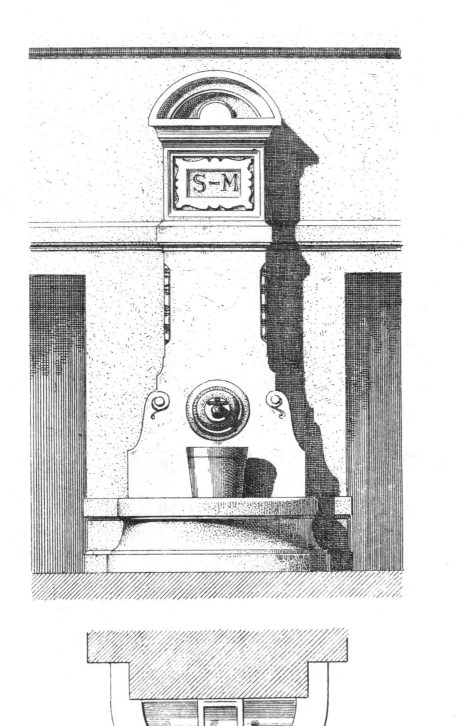

巴黎阿格森街 3 号
建筑师：达维乌

一处寓所院子里的喷泉，位于巴黎哈莱维街 6 号

院子里的喷泉，戈迪约位于巴黎圣奥诺雷街50号的寓所
建筑师：绍蒂　比例 1：20

意大利博洛尼亚的海神喷泉

FONTAINE
MATERIAUX — FOUNTAIN — BRUNNEN — DOCUMENTS

Fontaine à Barcelone — place du Palais-Royal

巴塞罗那的喷泉，位于皇家广场

位于罗讷省里昂的路易十六广场喷泉
建筑师：德雅尔丹　雕刻师：C.博内、克劳斯

哥特风格喷泉（现代），位于吕贝克（德国）

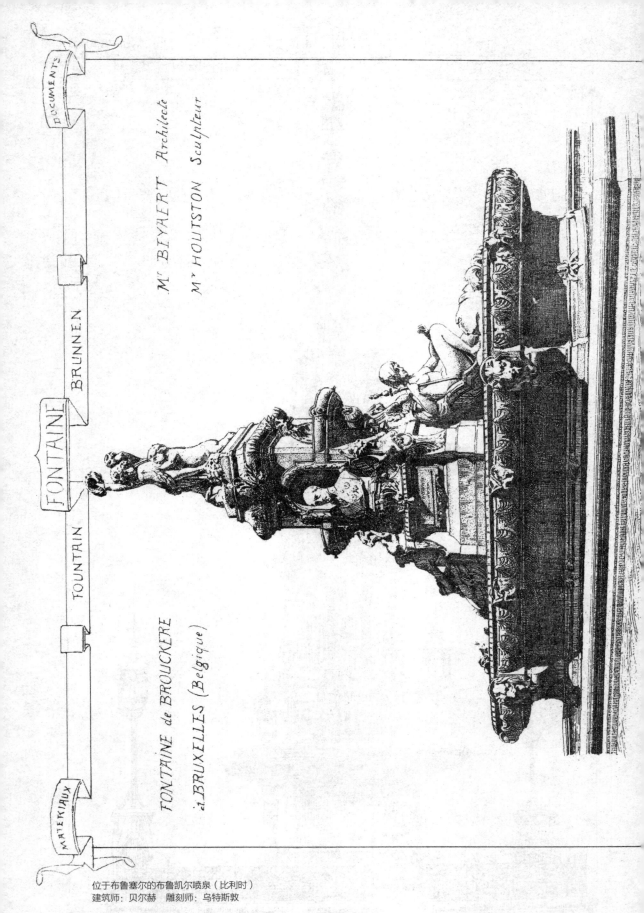

位于布鲁塞尔的布鲁凯尔喷泉（比利时）
建筑师：贝尔赫　雕刻师：乌特斯敦

FONTAINE de L'ESPLANADE À NIMES GARD. — Mr QUESTEL, Architecte. Mr PRADIER, Statuaire.

位于加尔省尼姆的广场喷泉
建筑师：奎斯特　雕刻师：普拉迪耶

维斯孔蒂设计的喷泉，位于巴黎圣叙尔比斯广场

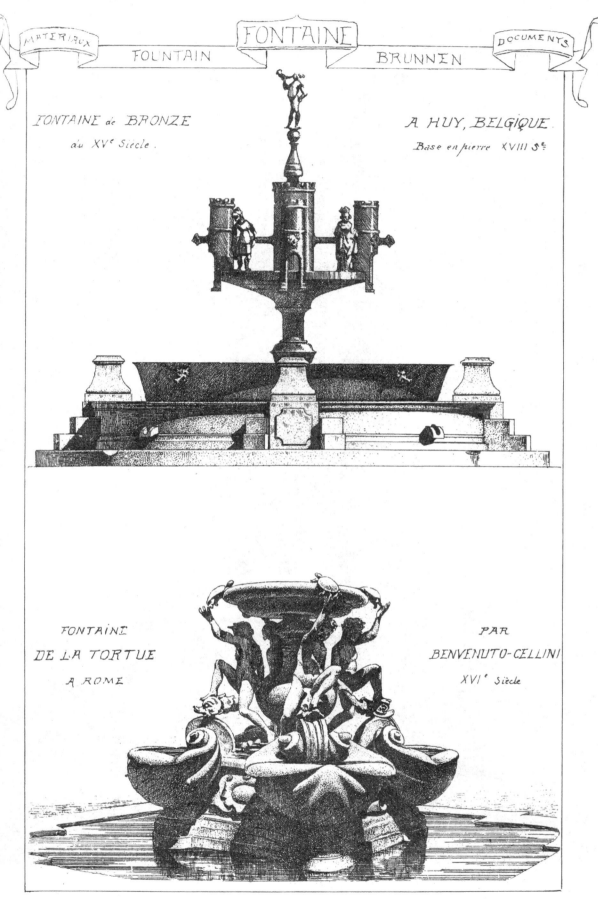

上图　15世纪青铜喷泉，位于比利时于伊，底座石雕出自18世纪
下图　罗马乌龟喷泉，16世纪本韦努托·切利尼雕刻

位于里昂的雅各宾广场新喷泉，由弗拉沙和科谢的工作室完工
建筑师：加斯帕德·安德烈　雕刻师：拉维尼和康帕涅

Fontaine de la Place LOUVOIS à Paris — Feu VISCONTI Architecte

德国吕贝克一处喷泉，于1875年建造

伦敦柏宁喷泉
建筑师:桑尼克罗夫特

大理石和青铜喷泉，佛罗伦萨圣母领报广场

西班牙马德里的一处喷泉，名为香居磨河

食人魔喷泉，位于瑞士伯尔尼

位于斯纳赫斯布鲁克供人饮用的喷泉
建筑师：埃利斯，于伦敦

BASSIN DES PYRAMIDES A VERSAILLES.

位于凡尔赛的金字塔池

MATERIAUX	FONTAINE		DOCUMENTS
	FOUNTAIN	BRUNNEN	

FONTAINE dans la Cour de la MAISON de PILATE à SÉVILLE (Espagne) XVIᵉ Siècle

Cette Fontaine est surmontée d'un buste de Janus, attribué à un Sculpt.ʳ grec.

Cloître de BATHALA (Portugal.)

Fontaine en marbre. XVᵉ Siècle.

上图　16世纪位于塞维利亚的彼拉多之家院内喷泉（西班牙），某希腊雕刻师在此喷泉上塑了一尊雅努斯半身像
下图　巴塔拉修道院（葡萄牙），15世纪大理石喷泉

16世纪昂布瓦斯喷泉，位于克莱蒙费朗（多姆山省）

16世纪德国文艺复兴时期喷泉，位于汉诺威的斯塔德哈根城堡

FONTAINE

MATERIAUX — FOUNTAIN — BRUNNEN — **DOCUMENTS**

Plan de la Fontaine et de la Vasque inférieure.
Echelle de 0,0025 p. Mètre.

FONTAINE à BAYEUX
CALVADOS.

M' CH. GENUYS
ARCHITECTE.

M' E. DECORCHEMONT.
STATUAIRE.

M'' BECHET et JEANNE
SCULPTEURS
à BAYEUX.

左上图 喷泉承水盘内部设计图 比例 1∶400
下 图 位于卡巴度斯的巴约城某处喷泉 建筑师：查尔斯·热奴伊 塑像师：德科舍蒙 雕刻师：贝谢、让娜，于巴约

德拉马东广场喷泉，位于意大利洛雷特

文艺复兴风格喷泉，位于厄尔-卢瓦尔省的沙托丹

鲁昂拉萨尔修士喷泉
建筑师：德佩尔特　雕刻师：法尔吉埃、拉格朗，于巴黎

斯图加特的尤金公爵喷泉（德国）

FONTAINE. FOUNTAIN. BRUNNEN.

FONTAINE DE L'ARCHEVÊCHÉ.

DERRIÈRE NOTRE-DAME DE PARIS.

总主教教区喷泉，位于巴黎圣母院后方

图A　14世纪勒皮某处喷泉（上卢瓦尔省）
图B　鲁昂石制十字架（下塞纳省，现今为滨海塞纳省），由建筑师巴泰勒米和雕刻师博内修复

FONTAINE.

MATERIAUX — FOUNTAIN — BRUNNEN — DOCUMENTS

FONTAINE
À
TOULON.
(VAR).

Mr G. ALLAR
ARCHITECTE.

Mr A. ALLAR
SCULPTEUR.

土伦的喷泉（瓦尔省）
建筑师：G. 阿拉尔　雕刻师：A. 阿拉尔

位于马赛的艾斯唐纲喷泉（罗纳河口处）
建筑师：J. 勒茨　雕刻师：A. 阿拉尔

FONTAINE.

MATÉRIAUX — FOUNTAIN. — BRUNNEN. — **DOCUMENTS**

FONTAINE
à
BORDEAUX.
GIRONDE

EXÉCUTÉE D'APRÈS
LES DESSINS DE
VISCONTI
QUELQUES ANNÉES
APRÈS SA MORT.

位于纪龙德省波尔多的喷泉，维斯孔蒂去世后根据其设计图所建

FONTAINE.

FOUNTAIN — BRUNNEN

MATÉRIAUX — DOCUMENTS

FONTAINE DANS LE PARC DE VERSAILLES.

LA FRANCE VICTORIEUSE.

凡尔赛公园里的喷泉，《获胜的法国》

FONTAINE
FOUNTAIN — BRUNNEN
MATERIAUX — DOCUMENTS

FONTAINE
DEVANT LE PALAIS DE
L'HYGIÈNE.

EXPOSITION
UNIVERSELLE
de PARIS
·1889·

ARCHITECTE
M. Ch. GIRAULT

SCULPTEUR
M. A. CORDONNIER

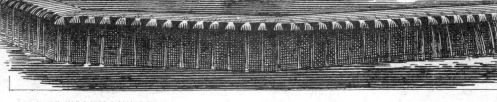

1889年巴黎世博会保健宫前的喷泉
建筑师：查尔斯·吉罗　雕刻师：A. 科赫多尼耶

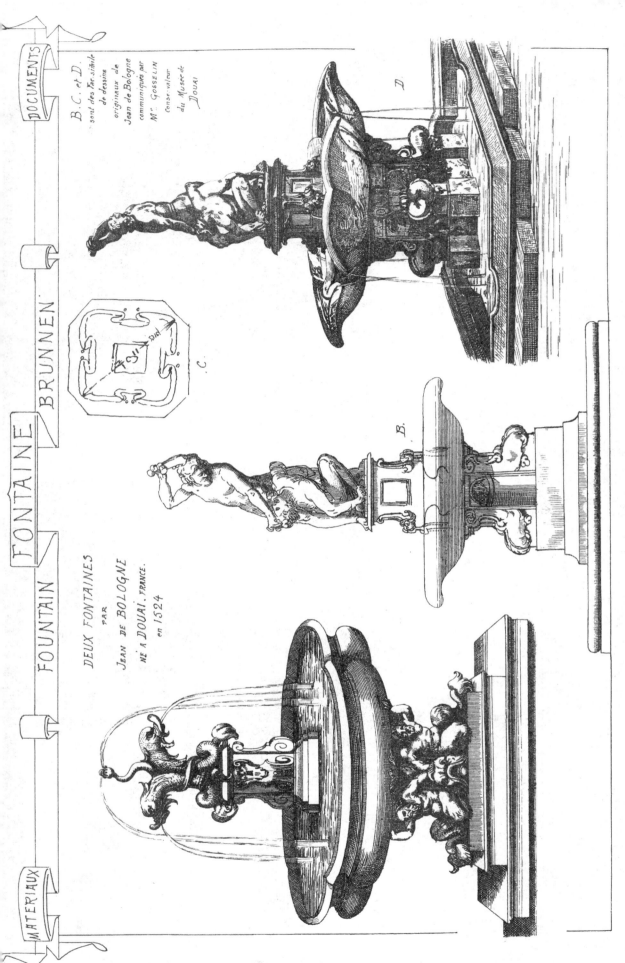

图B、图C、图D 高斯林仿让·德·布洛涅原画之作,藏于杜埃博物馆
下图 1524年位于法国杜埃,让·德·布洛涅设计的双喷泉

上图　位于卡尔瓦多斯省甘冈的16世纪皮埃尔公爵喷泉，于18世纪重建，大多数的装饰材料为铅
下图　位于菲尼斯泰尔省圣让迪杜瓦格的16世纪墓园喷泉，大多数的装饰材料为铅

德国科隆 1884 年修建于市政厅广场的纪念碑喷泉

1589年建于纽伦堡圣劳伦特广场的处女喷泉，喷泉池这里未能显示，其材质为石料，喷泉柱及雕像为青铜

上图　18世纪议会广场上的波尔多喷泉
下图　17世纪贝尼尼修建于罗马的特里通喷泉

位于鲁昂的拉皮塞勒广场，15世纪圣女贞德喷泉

位于本笃会酒厂花园里的喷泉，位于下塞纳省费康（现为滨海塞纳省）
鲁昂设计师 F. 马龙的作品

位于塔布的迪维尼奥喷泉（上比利牛斯省）
建筑师：卡戴　雕刻师：德斯卡、埃斯科拉和马瑟

奥格斯堡喷泉，德国，16世纪，近期修复

FONTAINE A MUNICH · ALLEMAGNE ·

FISCHBRUNNEN "FONTAINE AUX POISSONS"

上图　意大利布雷西亚的喷泉，17 世纪新主教座堂广场
下图　葡萄牙布拉加的喷泉，16 世纪帕苏广场

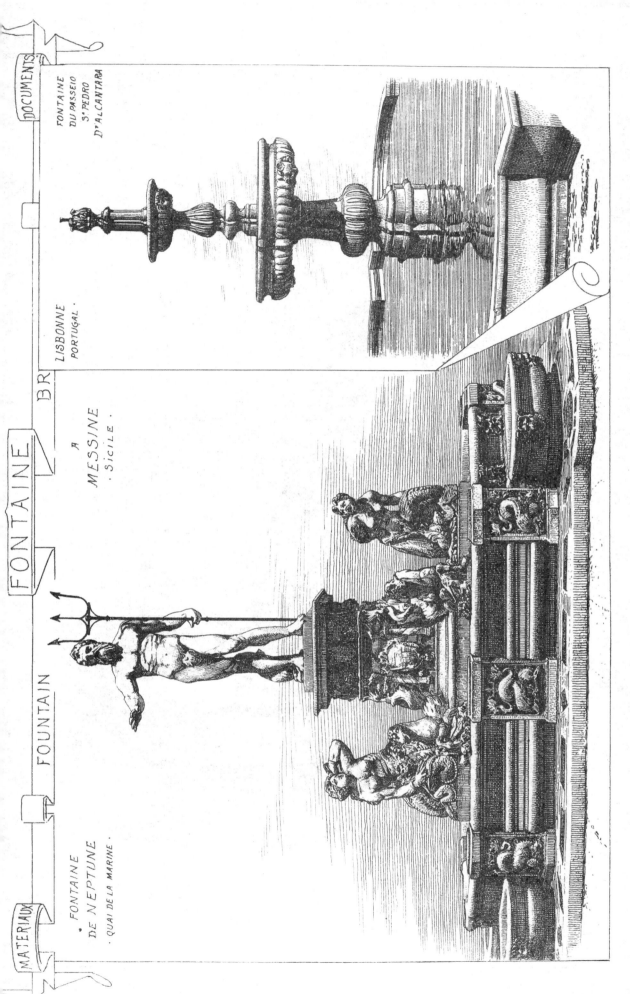

上图　圣皮埃尔通道处的喷泉，葡萄牙里斯本　建筑师：阿尔康塔拉
下图　海军码头的海神喷泉，位于西西里岛的墨西拿

1900年巴黎世博会，大型宫殿里的喷泉，《最强者的权利》
雕刻师：G. 谢雷

FONTAINE / FOUNTAIN / BRUNNEN

FONTAINE A BORDEAUX
ARCHITECTE
Mr L. GARROS

PLACE FONDANDÈGE
· MODERNE ·
STATUAIRE
Mr DE COËFFARD

MATÉRIAUX · FOUNTAIN · FONTAINE · BRUNNEN · DOCUMENTS

FONTAINE DE MARIENPLATZ A NUREMBERG. BAVIÈRE.

Mr ZADAU. SCULPTEUR.

位于巴伐利亚纽伦堡的马利亚广场喷泉
雕刻师：扎多

图 A 瑞士沙夫豪森某广场上的喷泉
图 B 瑞士沙夫豪森建于 1522 年的威廉·退尔喷泉
图 C 养鹅人喷泉，位于巴伐利亚纽伦堡

图A 路易十六时期位于伊泽尔省维埃纳的网球广场喷泉
图B 路易十六时期位于伊泽尔省维埃纳的市政厅广场喷泉

图 A　18 世纪德国拉施塔特的圣伯纳喷泉（巴登）
图 B　18 世纪位于默兹省巴勒迪克的喷泉

图A 位于巴伐利亚纽伦堡圣洛朗教堂对面的现代小喷泉
图B 纽伦堡附近的某处喷泉 雕刻师：A. 梅松

图 A 16 世纪位于罗马科尔索大道上卡罗利斯宫的墙基喷泉
图 B 位于罗马使徒宫的松果花园喷泉，松果、柱头和面具为古典风格雕塑

图 A 1770 年位于卡尔卡松植物广场的纪念碑喷泉，巴拉塔父子的作品
图 B 尼奥尔的圣让广场喷泉（德塞夫勒省） 建筑师：拉瑟龙

16 世纪位于巴勒莫的菲利普四世纪念碑喷泉，建筑顶端的雕像为菲利普五世，是之后加上去的，整个纪念碑由六层台阶支撑，因版面受限未能展示

图A 布鲁塞尔圣吉莱入市税征收处栅栏喷泉，由巴黎埃米尔·米勒公司承建其火焰斑纹缸瓷部分　建筑师：阿尔邦·尚邦
图B 18世纪位于比利时蒙斯的鸡市广场喷泉

MATERIAUX · FOUNTAIN · FONTAINE · BRUNNEN · DOCUMENTS

FONTAINE Louis XV. Rococo. D'après LAJOITE.
Fac-simile d'une gravure de DESPLACES.

路易十五时期洛可可风格喷泉，此图是拉伊瓦特对德斯普拉斯雕刻的仿制

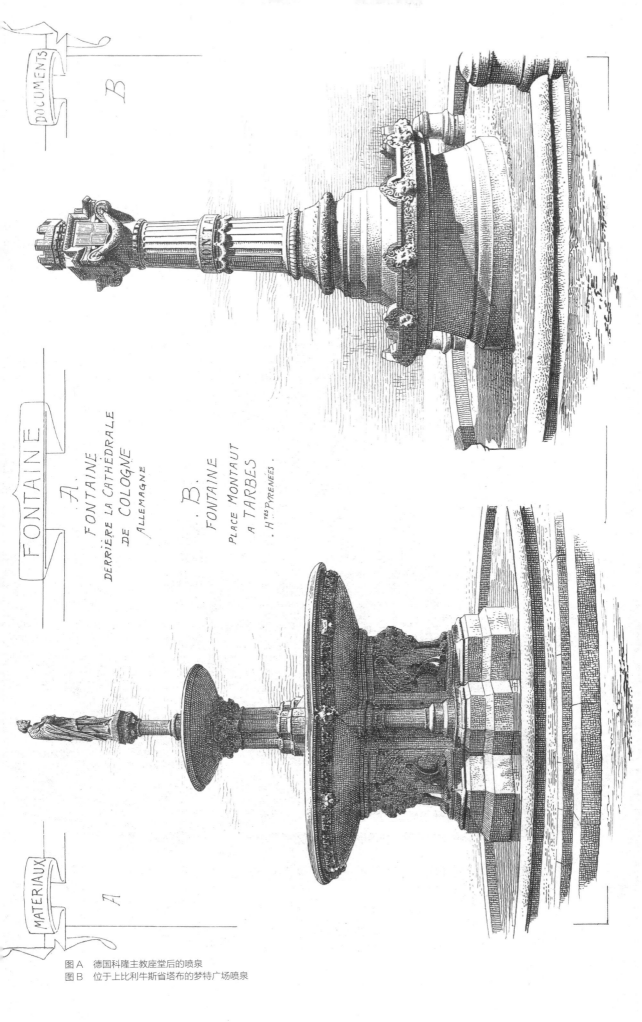

图A 德国科隆主教座堂后的喷泉
图B 位于上比利牛斯省塔布的梦特广场喷泉

FONTAINE

MATÉRIAUX · FOUNTAIN · BRUNNEN · **DOCUMENTS**

FONTAINE
DE FRANCESCO-GIONGO-
DI LAVARONE
XVIIIᵉ SIÈCLE

PLACE DU DÔME
A TRENTE
. AUTRICHE .
. TYROL ITALIEN .

18世纪拉瓦罗内的弗朗切斯科·琼戈喷泉，位于意大利特伦提诺省特伦托的大教堂广场

图 A 位于德龙省瓦棱斯城邦塞尔林荫道的某处喷泉 建筑师：普瓦图
图 B 18 世纪西班牙马德里公园的喷泉

水瀑喷泉，位于墨西哥墨西哥城查普特佩克引水渠尽头，18世纪

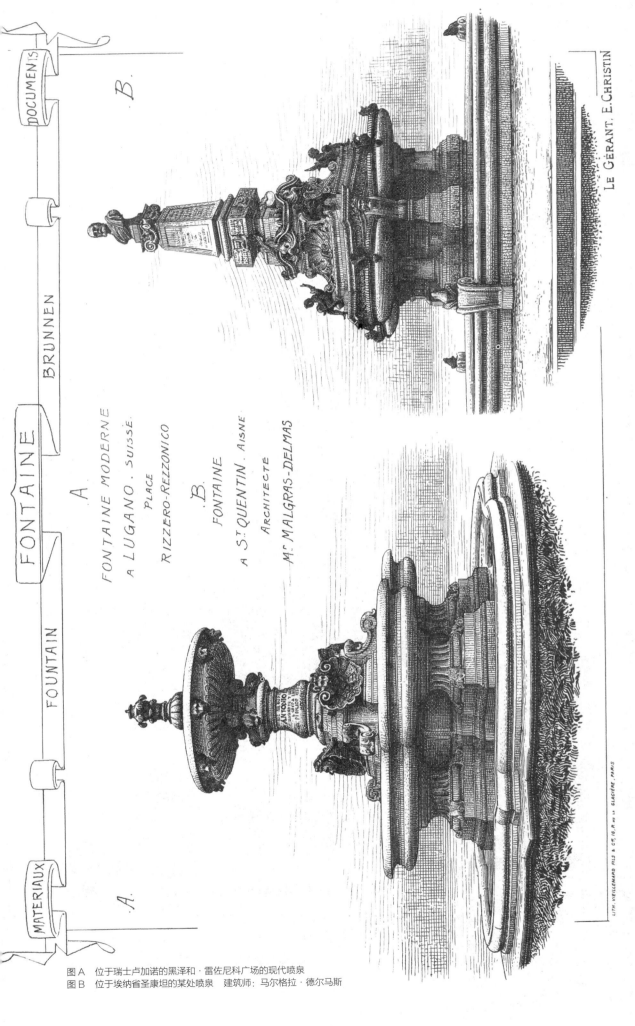

图A 位于瑞士卢加诺的黑泽和·雷佐尼科广场的现代喷泉
图B 位于埃纳省圣康坦的某处喷泉　建筑师：马尔格拉·德尔马斯

FONTAINE
DANS LE JARDIN
DE L'HOTEL_DE_VILLE
A LIMOGES

PORCELAINE
ET BRONZE
Mr Ch. GENUYS
ARCHITECTE

位于维尔茨堡的弗兰肯喷泉（巴伐利亚），在旧的总主教宫殿前面，现为皇家住宅

| MATÉRIAUX | FOUNTAIN | FONTAINE | BRUNNEN | DOCUMENTS |

FRONTISPICE POUR UN RECUEIL DE FONTAINES
AVEC ATTRIBUTS DES EAUX FLUVIALES
COMPOSITION DE F^{ois} BOUCHER
GRAVURE DE G. HERTEL

有河水标志的某喷泉汇编的卷首插图
建筑师：弗朗索瓦·布歇　雕刻师：G. 埃泰尔

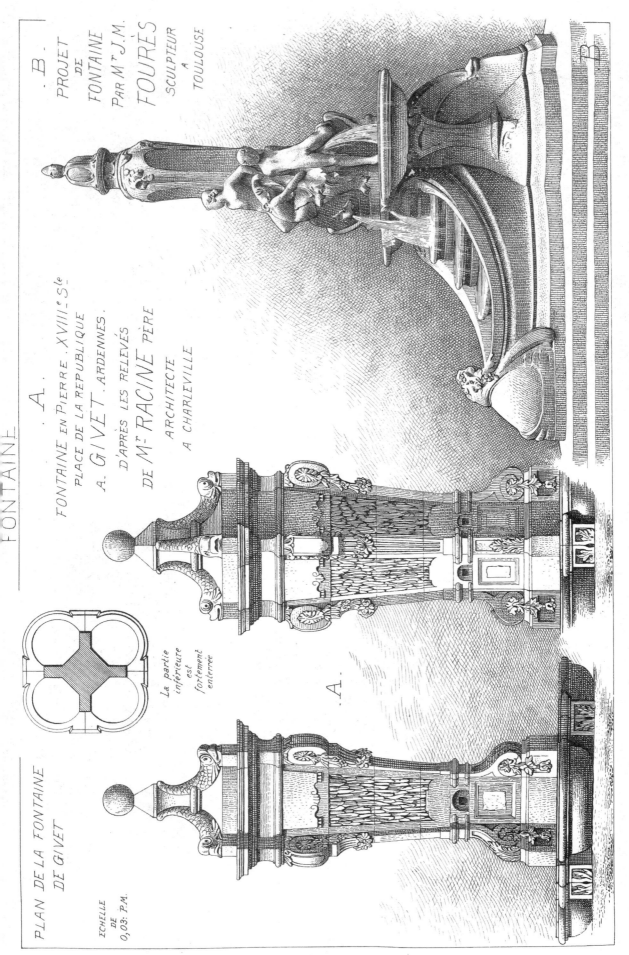

图 A　18 世纪位于阿登省日韦的共和国广场石雕喷泉，沙勒维尔建筑师老拉辛的平面设计图，阴影部位埋于地下　比例 1：33
图 B　图卢兹雕刻师 J.M. 弗赫的喷泉方案图

图 A 位于滨海阿尔卑斯省戈尔比奥的共和国广场的饮用水喷泉
图 B 巴黎雕刻师 E. 格鲁耶的喷泉方案图

图A 意大利热那亚的班迪耶拉广场大理石喷泉
图B 罗马圣皮埃尔广场两座喷泉中的一座,根据建筑师卡罗·马代尔纳的设计而修建,其继续了米开朗基罗的工作

"La JEUNESSE", Fontaine à DIJON, par Mr Max BLONDAT sculpteur.

FONTAINE MURALE À L'EXPOSITION DE St LOUIS — PAR LE SCULPTEUR E. DIETSCHE DE KARLSRUHE

上图　第戎的青春之泉　雕刻师：马克思·克雷恩
下图　圣路易展上的墙上喷泉　雕刻师：卡尔斯鲁厄的雕刻师E. 迪策

图 A 瓦罗克的酒神节喷泉，由德乌赫斯雕刻
图 B 五十周年纪念公园的美术展进门处的喷泉

FONTAINE

MATÉRIAUX · FOUNTAIN · BRUNNEN · DOCUMENTS

FONTAINE PLACE JOSEPH-ÉTIENNE A MARSEILLE. (S.t VICTOR).

DON DE M.r ABRAM.

上图　巴黎巴德鲁广场的德让喷泉
下图　1990 年巴黎世博会奥地利帝国馆的喷泉
注释：设计师 E. 德让为家乡捐献了 12 处泉水喷泉，德让（1821—1878）

容基埃喷泉(加尔省),位于市政府广场
建筑师:阿吉雷,于尼姆

图A 18世纪马赛卷尾猴广场喷泉
图B 厄尔省埃夫勒市政厅广场喷泉（现代风格）

MATÉRIAUX — FONTAINE — FOUNTAIN — BRUNNEN — DOCUMENTS

FONTAINE DANS LE JARDIN DES PALMIERS A NICE.

FONTAINE DANS LA COUR D'HONNEUR DE L'EXPOSITION DE MUNICH. 1908.

上图　位于尼斯棕树花园内的喷泉
下图　1908年慕尼黑展荣耀庭院内的喷泉

| MATÉRIAUX | FOUNTAIN | FONTAINE | BRUNNEN | DOCUMENTS |

UNE DES QUATRE FONTAINES AUTOUR DE LA PLATE-FORME DE LA STATUE DE LA RÉPUBLIQUE, PLACE PERRACHE A LYON.

FONTAINE DE VALESCURE A ST-RAPHAËL. VAR.

上图　里昂佩拉什广场环绕共和国雕像平台的四座喷泉中的一座
下图　瓦尔省圣拉斐尔瓦勒斯库尔喷泉

FONTAINE

MATÉRIAUX — FOUNTAIN — BRUNNEN — DOCUMENTS

UNE DES DEUX FONTAINES DU PERRON DU NOUVEAU PALAIS-DE-JUSTICE
Mr CALDERINI, ARCHITECTE. — A ROME, ITALIE.

FONTAINE DANS LE PARC DE L'EXPOSITION A MARSEILLE.
ŒUVRE DE LA SOCIÉTÉ GÉNÉRALE DES CÉRAMIQUES DE MARSEILLE.

上图　意大利罗马新司法宫台阶处两座喷泉中的一座　建筑师：卡德里尼
下图　马赛展览厅公园的喷泉，马赛兴业银行陶瓷作品

图 A 位于波城圣路易·德·贡萨格广场的莱昂·达朗喷泉
图 B 位于戛纳的圣乔治喷泉

框饰 Frame (Cadre)

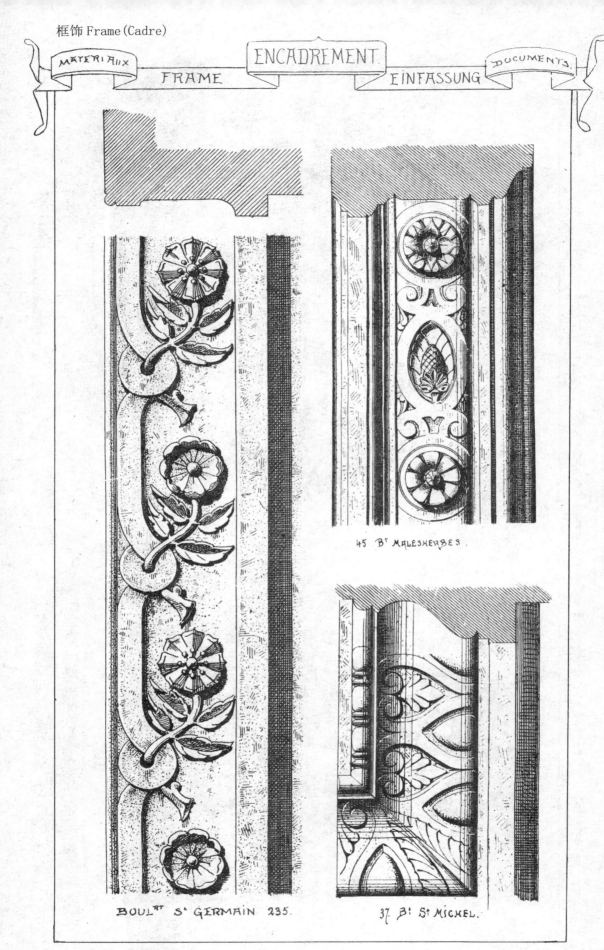

左 图　圣日耳曼林荫道 235 号
右上图　马勒塞尔布林荫道 45 号
右下图　圣米歇尔林荫道 37 号

马尼昂街 33 号 ｜ 胜利路 47 号 ｜ 塞瓦斯托波尔林荫道 99 号 ｜ 第一区区政府

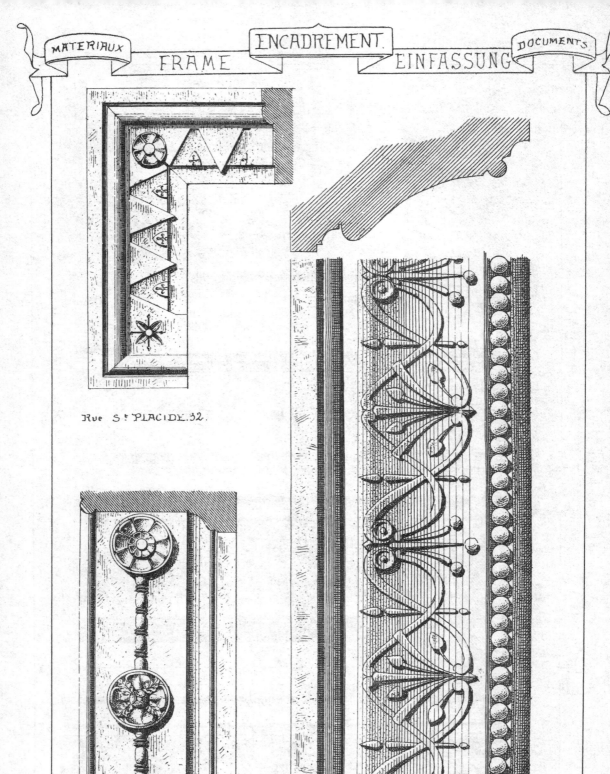

左上图　圣普拉西德路32
左下图　马勒塞尔布林荫道55号
右　图　巴黎伏尔泰林荫道1号

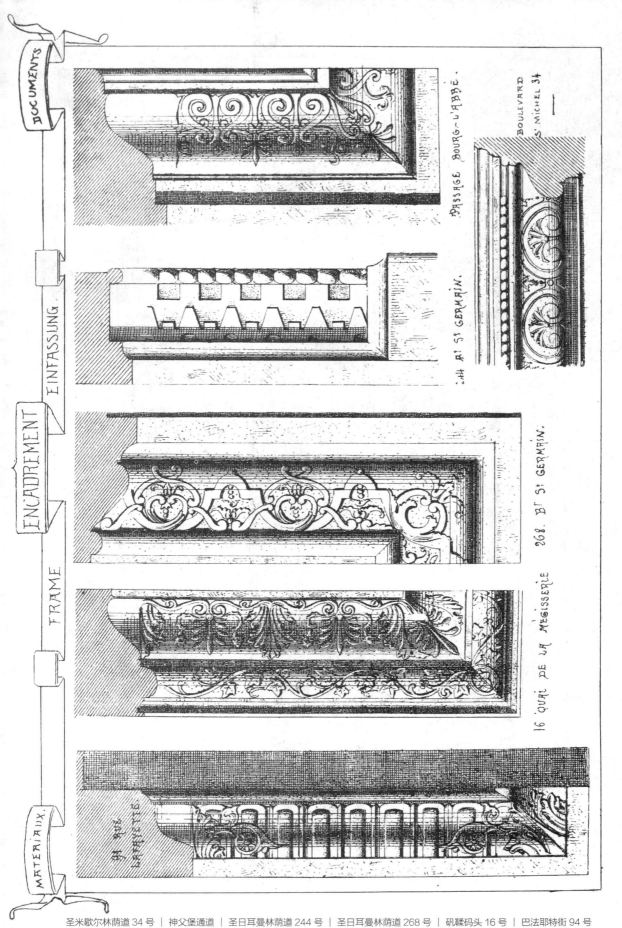

圣米歇尔林荫道 34 号 ｜ 神父堡通道 ｜ 圣日耳曼林荫道 244 号 ｜ 圣日耳曼林荫道 268 号 ｜ 矾鞣码头 16 号 ｜ 巴法耶特街 94 号

MATERIAUX ENCADREMENT DOCUMENTS
FRAME EINFASSUNG

75 RUE DE RENNES.

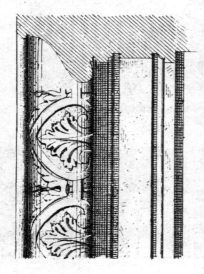
52. RUE LAFAYETTE.

RUE MAGNAN.

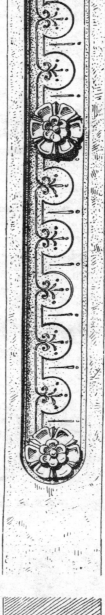
RUE DE HALLES. 19

左上图　雷恩街75号
左下图　老佛爷街52号
中　图　马尼昂街
右　图　市场街19号

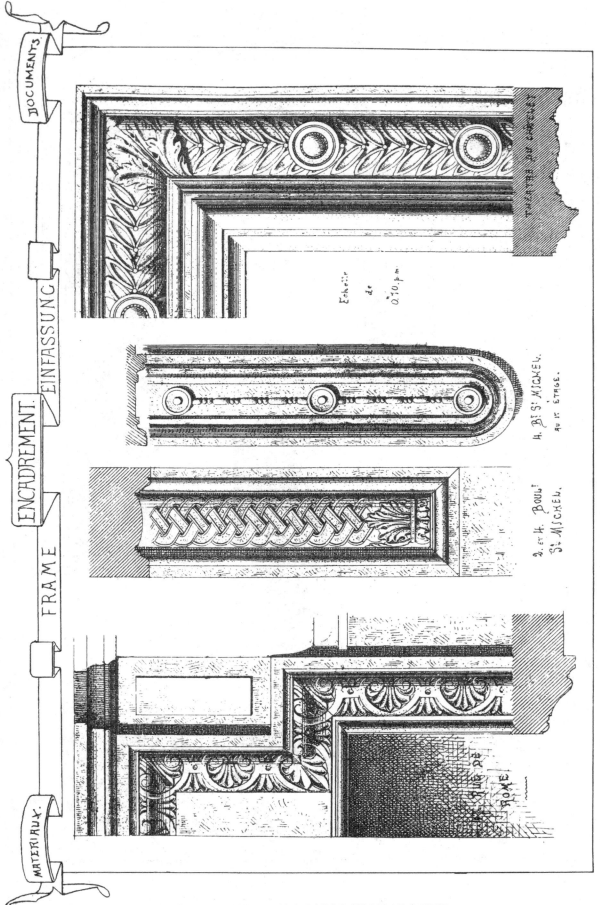

FRAME ENCADREMENT EINFASSUNG

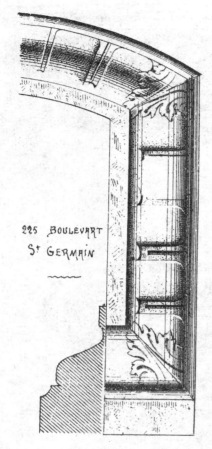

225 BOULEVART St GERMAIN

Rue de RENNES. 56.

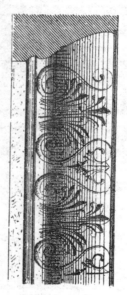

Rue MONGE. 14.

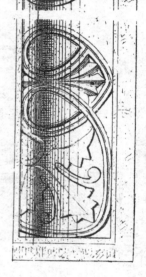

MAISON DU XIIème SIÈCLE À METZ.

左上图　圣日耳曼林荫道 225 号
右上图　雷恩街 56 号
中　图　蒙日街 14 号
下　图　位于梅兹的 12 世纪寓所

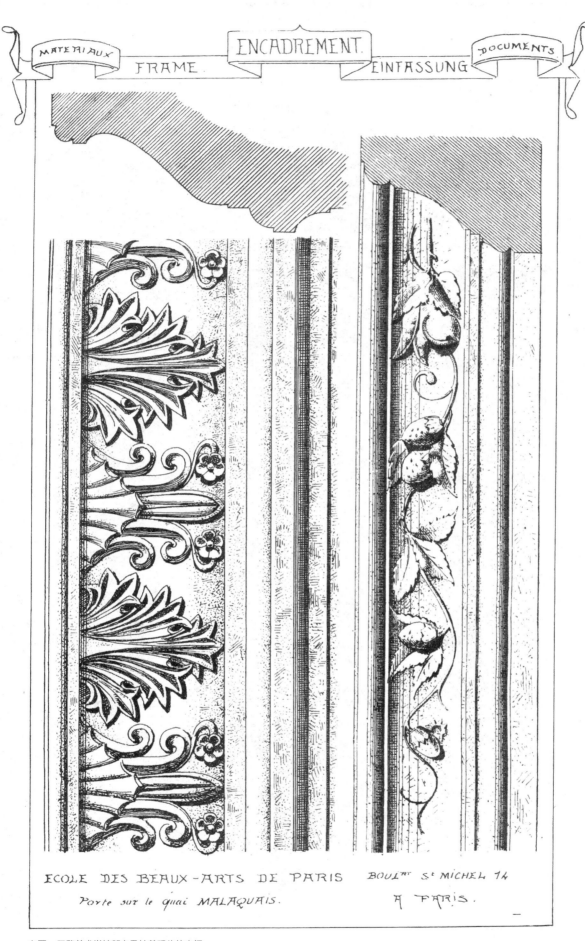

左图　巴黎美术学校朝向马拉盖码头的大门
右图　巴黎圣米歇尔林荫道 14 号

16 世纪框饰，根据弗兰克的照片所绘

17世纪，木雕框饰
建筑师：爱德华·迪皮尔　雕刻师：拉伍斯特，于鲁贝

木雕框饰
雕刻师：卡尔滕霍伊泽

16世纪框饰，根据弗兰克的照片所绘

16世纪框饰,意大利文艺复兴时期,根据弗兰克的照片所绘,于巴黎
因版面受限左右两侧的框角未能展现出来,但其设计和上下两头相同

CADRES LOUIS XV.

15世纪框饰

CADRES LOUIS XVI — d'après DELAFOSSE.

路易十六时期的框饰,德拉福斯设计

路易十六时期的框饰，德拉福斯设计

卢浮宫画室内索瓦若的藏品

为费康修道院所设计的橡木框饰，下卢尔瓦省圣赫博特教堂神职祷告席处框饰的四幅草图
雕刻师：L. 博内

外图　拉绍德封某餐室的框饰（瑞士）　雕刻师：邦迪奥利，于里昂
内图　位于海牙的木制框饰（荷兰）　雕刻师：西本哈尔

Exposition de BLOIS

Exposition de BLOIS

布卢瓦展

Musée des arts industriels de MILAN

Cadre bronze doré — au Marquis TRIVULZIO

米兰工业艺术博物馆，镀金青铜框饰，为特力伍子奥侯爵所有

图 A　罗马贝佳斯宫大院
图 B　罗马马西米宫

Musée des Arts Industriels de MILAN

Cadre en bois sculpté, au Marquis TRIVULZIO

木雕框饰，米兰工业艺术博物馆，为特力伍子奥侯爵所有

图A 18世纪圣母马利亚礼拜堂护壁板框饰,费康修道院教堂
图B 路易十四时期的框饰
图C 路易十六时期的框饰,私人藏品

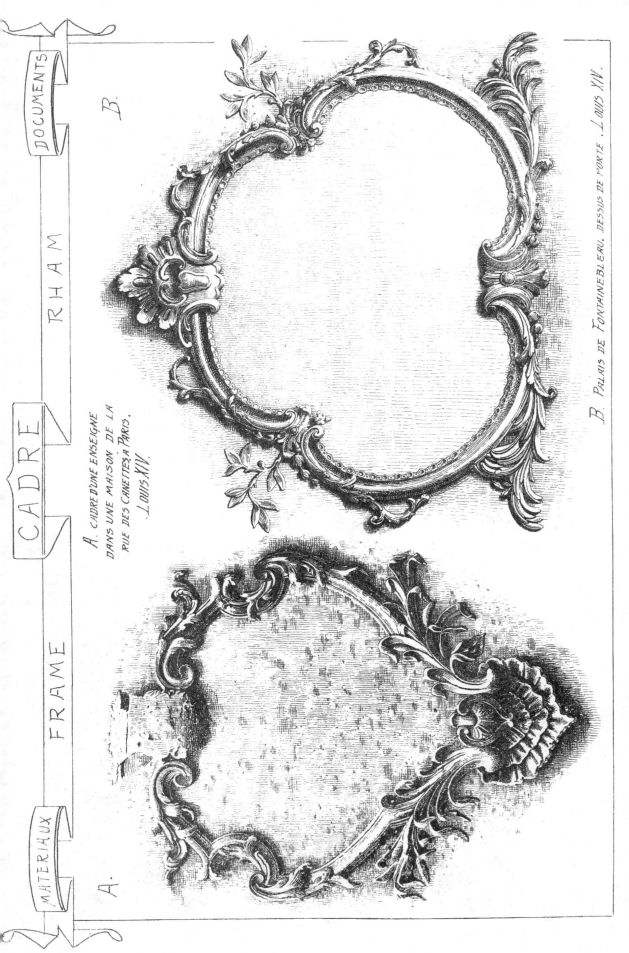

图 A 路易十四时期巴黎卡内特街某寓所的框饰
图 B 路易十四时期枫丹白露宫大门上方雕饰

上图　某现代风格壁炉框饰　雕刻师：米尔热，于巴黎
下图　某法国文艺复兴风格框饰，根据回忆描绘的枫丹白露宫内某壁板样式

上图　路易十六时期镜框饰，私人藏品
下图　欧仁妮女皇卧室大门上方框饰，巴黎老杜伊勒里宫，路易十六时期风格　建筑师：勒夫尔

18世纪，位于奥格斯堡的圣尤里奇教堂（巴伐利亚），克拉纳赫所绘的圣母玛利亚像框饰

BÉNITIER EN ARGENT.
LE CADRE CONTIENT UN BAS-RELIEF SCULPTÉ

18 世纪，银质圣水盘，浅浮雕框饰，意大利

尚蒂伊城堡镜子上方

16 世纪末，私人收藏的镜子框饰，文艺复兴时期

回纹饰 Fret (Grecque)

MATERIAUX — FRET — GRECQUE — MÄANDER — DOCUMENTS

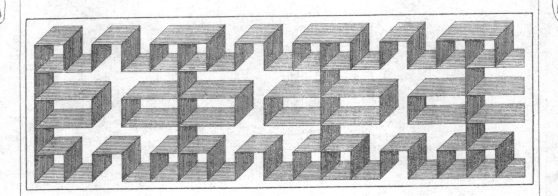

MATERIAUX — GRECQUE — DOCUMENTS
FRET — MÄANDER

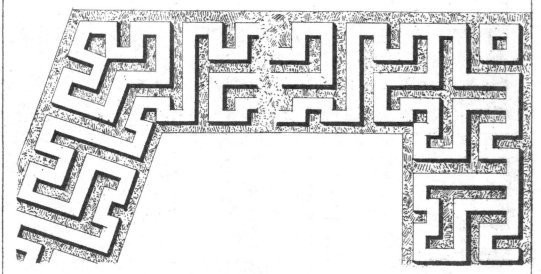

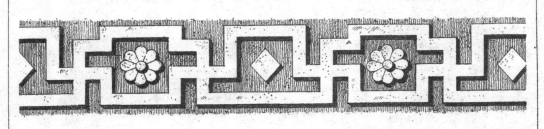

GRECQUE.
FRET — MAANDER
MATERIAUX — **DOCUMENTS**

GRECQUE.

MATERIAUX. — **FRET** — **MÄANDER.** — **DOCUMENTS**

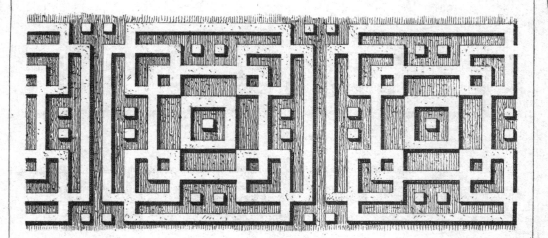

GRECQUE
FRET — MÄANDER
MATERIAUX — DOCUMENTS

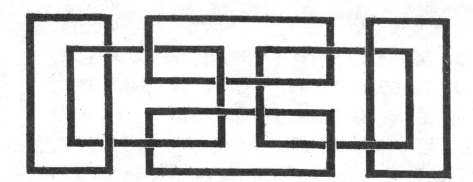
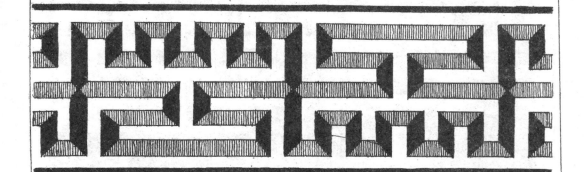

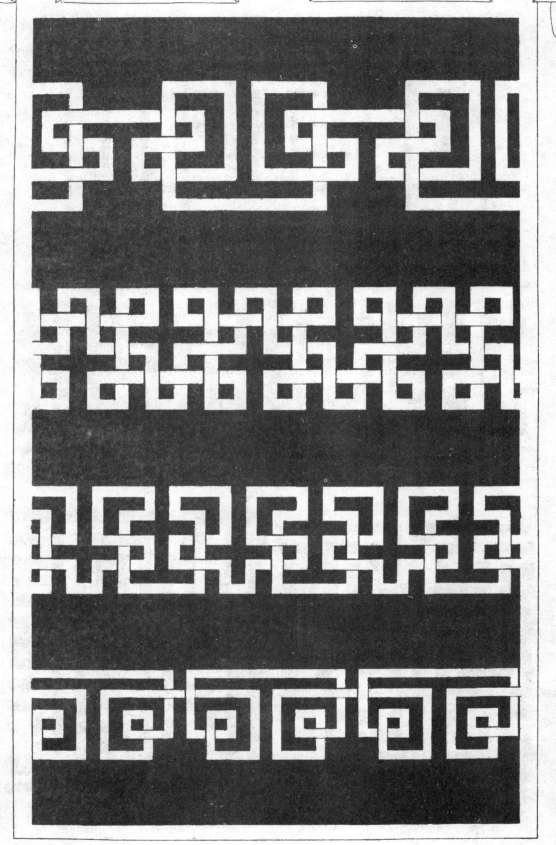

GRECQUE.
FRET — MÄANDER

镶板雕带 Frieze(Frise)

BANDEAU.
FRIEZE — FRIES
MATERIAUX — DOCUMENTS

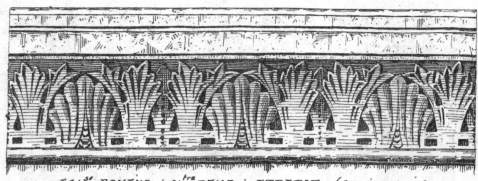
Eglse Romane de Ntra Dame à ETRETAT (Sne-Inferieure)

Cathlo de VIEJA à SALAMANQUE. Espagne.

Cathlo de VIEJA à SALAMANQUE. Espagne.

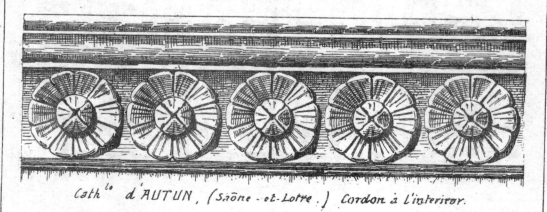
Cathlo d'AUTUN, (Saône-et-Loire.) Cordon à l'interieur.

埃特雷塔的罗曼圣母教堂（下塞纳省） | 西班牙萨拉曼卡旧教堂 | 西班牙萨拉曼卡旧教堂 | 欧坦主教座堂（索恩-卢瓦尔省）室内带饰

MATERIAUX — BANDEAU / FRIEZE / FRIES — DOCUMENTS

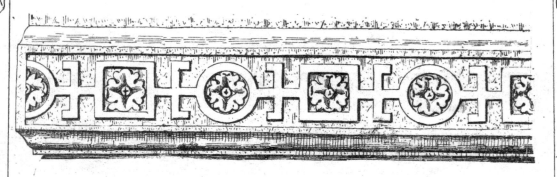

PORTE du CAPITOLE à Toulouse. (Fin du XVIᵉ Siècle.)

PALAIS du LOUVRE à PARIS (XVIᵉ Siècle)

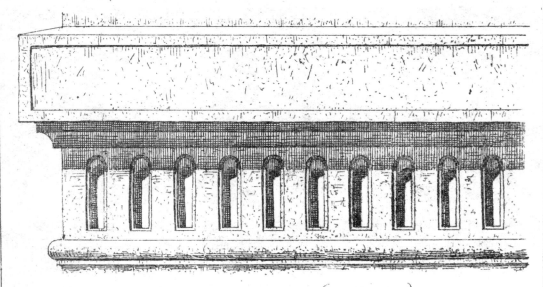

Rue TURENNE à Paris. (Louis XVI)

上图　图卢兹中心大厦的门（16世纪末）
中图　巴黎卢浮宫（16世纪）
下图　巴黎蒂雷讷路（路易十六时期）

BANDEAU
TRIEZE — FRIES
MATERIAUX — DOCUMENTS

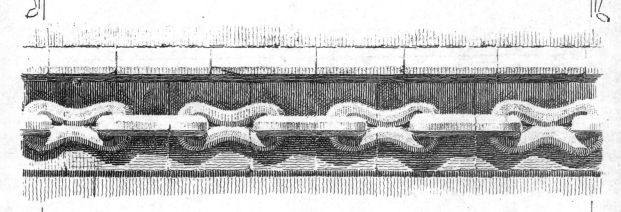

Palais de Sⁿ GREGORIO a VALLADOLID. Espagne.

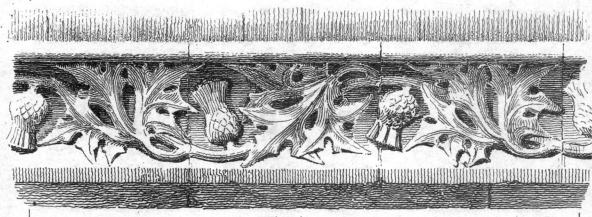

Chapelle du CHA^{eau} D'AMBOISE (Indre-et-Loire)

CATH^{le} de COLOGNE. Allemagne

上图　西班牙巴利亚多利德的圣格里高利宫
中图　昂布瓦斯城堡（安德尔－卢瓦尔省）
下图　德国科隆主教座堂

BANDEAU / TRIEZE / FRIES
MATERIAUX — DOCUMENTS

CATH.^{le} D'AMIENS

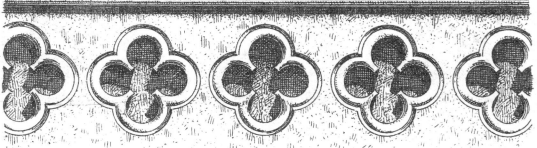

CATH.^{le} de NOYON (Oise)

CATH.^{le} de BAYEUX (Calvados)

CATH.^{le} de BAYEUX (Calvados)

亚眠主教座堂 ｜ 努瓦永主教座堂（瓦兹省）｜ 巴约主教座堂（卡尔瓦多斯省）｜ 巴约主教座堂（卡尔瓦多斯省）

BANDEAU
FRIEZE — FRIES

Cath¹ de St DENIS (Seine) XIIᵉ Siècle

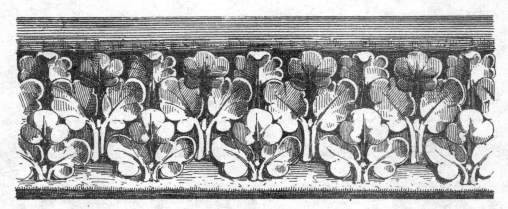

Nᵗʳᵉ Dᵐᵉ de PARIS. XIIIᵉ Siècle.

Nᵗʳᵉ Dᵐᵉ de PARIS. XIIIᵉ Siècle

Cathˡᵉ de SENS. (Yonne.)

12世纪圣德尼主教座堂（塞纳省）｜13世纪巴黎圣母院｜13世纪巴黎圣母院｜桑斯主教座堂（约讷省）

MATERIAUX · FRIEZE · BANDEAU · FRIES · DOCUMENTS

TEMPLE d'ERICHTHÉE a ATHÈNES

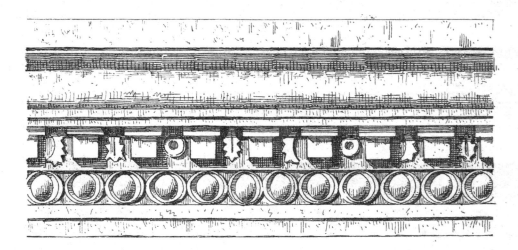

d'une EGLISE du V.ᵐᵉ siècle en SYRIE.

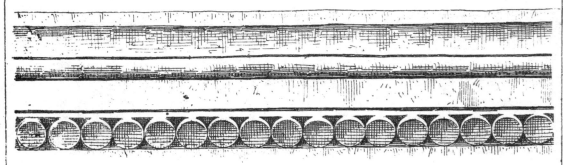

Mon du XII.ᵉ siècle a CLUNY (Saône-et-Loire)

上图　雅典厄瑞克透斯神殿
中图　10世纪叙利亚一处教堂
下图　12世纪克吕尼一处寓所（索恩－卢瓦尔省）

BANDEAU
FRIEZE — FRIES
MATERIAUX — DOCUMENTS

CHAP^{lle} des DOMINICAINS rue du F^g St HONORÉ à Paris. Mr E. MORIN, Arch^{te}.

CHAP^{lle} des DOMINICAINS à Paris.

ECOLE des BEAUX-ARTS de MARSEILLE. Mr ESPERANDIEU Arch^{te}.

NOUVEAU MINISTERE de la GUERRE à PARIS.

巴黎圣奥诺雷市郊路上的多明我会礼拜堂　建筑师：莫兰｜巴黎的多明我会礼拜堂｜马赛美术学院　建筑师：艾斯波兰迪鲁｜巴黎的新国防部

BANDEAU

MATERIAUX — FRIEZE — FRIES — DOCUMENTS

8.

NOUVEAU THÉATRE des CÉLESTINS à LYON.

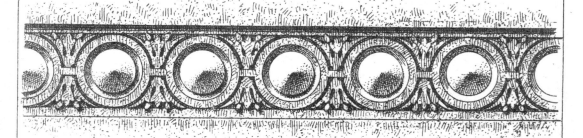

NOUVEAU THÉATRE des CÉLESTINS à LYON
M. G^d ANDRÉ Architecte. M. CLAUSE sculpteur.

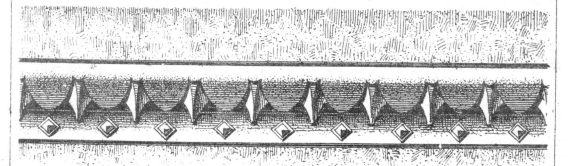

HÔTEL DE VILLE de POITIERS. M. MALLET Sculp^r à Paris.

TOMBEAU à LYON. M. W. LEO Arch^{te}

里昂的新塞莱斯坦剧院 ｜ 里昂的新塞莱斯坦剧院　建筑师：大安德雷　雕刻师：克劳斯 ｜ 普瓦捷市政府　雕刻师：马莱，于巴黎 ｜ 里昂一处墓碑　建筑师：W. 雷欧

MATERIAUX — FRISE / FRIEZE / FRIES — DOCUMENTS

NOTRE DAME DE PARIS

Frise par Charles Ott Sculpt. à Wuryberg

NOUVEL OPERA à PARIS

上图　巴黎圣母院
中图　由查理·奥特雕刻于维尔茨堡的镶板雕带
下图　巴黎圣母院

FRISE PAR Mr MORAND Sculpteur.
Tiré du socle de la statue de François 1er par Clesinger.

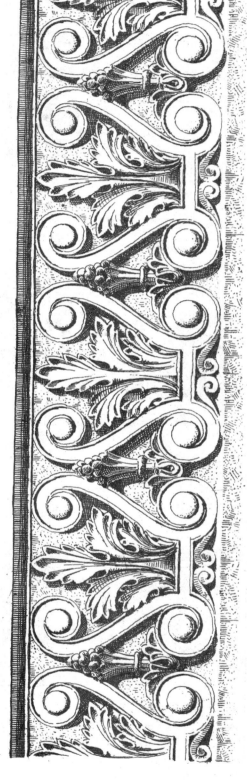

FRISE DES MAISONS DU QUAI DE LA MÉGISSERIE A PARIS. Mr BLONDEL Architecte.

左图　由莫航雕刻的镶板雕带，来自由克雷辛热雕刻的弗朗索瓦一世塑像的底座
右图　巴黎制革码头的寓所　建筑师：布隆代尔

MATÉRIAUX — FRISE / FRIEZE / FRIES — DOCUMENTS

PALAIS DU LOUVRE.

Mr LEFUEL Architecte

FRISES par Mr LEPRETRE Sculpt.

卢浮宫的镶板雕带
建筑师：勒夫儿　雕刻师：勒普莱特

MATERIAUX — FRIEZE / FRISE / FRIES — DOCUMENTS

PALAIS DU LOUVRE.

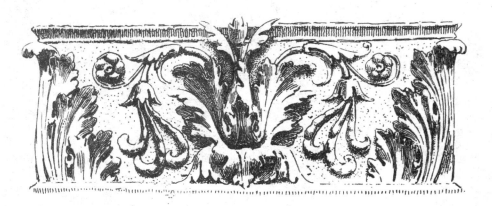

Mr LEFUEL Architecte.
Frise par Mr LEPRÊTRE Sculpr.

PALAIS DU LOUVRE.

Mr LEFUEL Architecte.
FRISE par Mr LEPRÊTRE sculpteur.

卢浮宫的镶板雕带
建筑师：勒夫儿　雕刻师：勒普莱特

MATERIAUX — FRIEZE. FRISE. FRIES. — DOCUMENTS

FRISES TIRÉES D'UN PALAIS DE FLORENCE.

RENAISSANCE ITALIENNE.

来自佛罗伦萨一处宫殿的镶板雕带,意大利文艺复兴时期

由维尔米诺雕刻的镶板雕带（绘制图）

FRIEZE F.RISE FRIES

PALAIS DU LOUVRE À PARIS
M. LEFUEL Arch.e — M. MORAND Sculpt.r

PALAIS DU LOUVRE A PARIS
M. LEFUEL Arch.e M. MORAND Sculp.r

巴黎卢浮宫　建筑师：勒夫儿　雕刻师：莫航

巴黎杂耍歌舞剧院
建筑师：马涅　雕刻师：布洛斯

1878年巴黎世博会，艺术厅大门，陶土烧制的装饰由勒布尼兹上釉，来自保罗·塞迪耶的素描

MATERIAUX — FRISE — DOCUMENTS
FRIEZE — FRIES

FRISE de L'ESCALIER du CHÂTEAU de BLOIS
XVIe SIÈCLE

HOTEL-de-VILLE d'OUDENARDE, Belgique.
XVIe SIÈCLE

EGLISE du MAS-D'AGENAIS (Lot-et-Garonne) XIIe Siècle.

上图　布鲁瓦城堡楼梯处的镶板雕带，16 世纪
中图　比利时奥德纳尔德市政府，16 世纪
下图　12 世纪勒马达热奈教堂（洛特·加龙省）

17世纪，来自勒波特的镶板雕带

MATERIAUX · FRIEZE · FRISE · FRIES · DOCUMENTS

FRISE a POMPÉI. VOIE des TOMBEAUX : Restauration.

TEMPLE de VESPASIEN à ROME

S. GIACOMO DEGLI SPAGNOLI

上图　庞贝的墓碑上的镶板雕带（修复品）
中图　罗马韦帕芗神庙
下图　西班牙的圣雅各伯圣殿

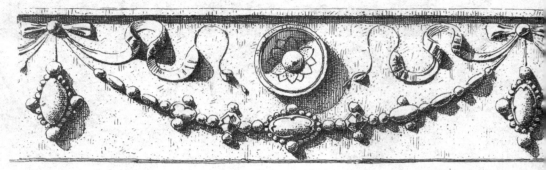

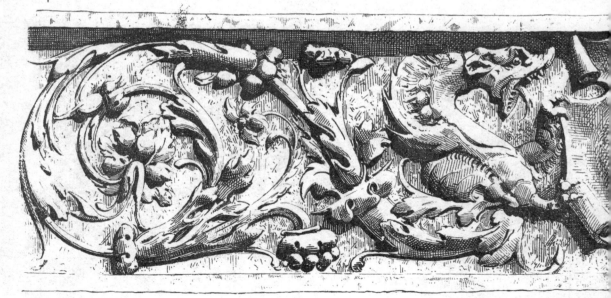

上图　意大利文艺复兴时期，陶土质镶板雕带
中图　位于马赛的镶板雕带
下图　16世纪，某主教座堂的门

FRIES

DOCUMENTS

Renaissance italienne.

...ANT Sculpteur à PARIS.

PORTE du XVIᵉ Siècle.

MATERIAUX | FRISE | DOCUMENTS
FRIEZE | FRIES

FRISE par MICHEL-ANGE. Tombeau de JULES II à ROME

ARCHEVÊCHÉ de PISE (Italie)

FRISE en BOIS, Renaissance italienne.

A. Raguenet del. et aut.

上图　由米开朗基罗雕刻的镶板雕带，尤利乌斯二世墓
中图　意大利比萨的总主教府
下图　木质镶板雕带，意大利文艺复兴时期

MATERIAUX — FRISE — DOCUMENTS
FRIEZE — FRIES

FRISE RENAISSANCE

PALAIS SANSONNIO. Italie.

PALAIS SANSONNIO. Italie.

上图　文艺复兴时期镶板雕带
中图　意大利圣索尼欧宫
下图　意大利圣索尼欧宫

FRISE
FRIEZE — FRIES
MATERIAUX — DOCUMENTS

Cathédrale de NOYON (Oise) XIII ème Siècle

Eglise de BROU à BOURG. (Ain) XVI ème Siècle.

Cathédrale de ROUEN. XVI e Siècle.

上图　13世纪努瓦永主教座堂（瓦兹省）
中图　16世纪布尔的布鲁教堂（安省）
下图　16世纪鲁昂主教座堂

FRISE

MATERIAUX — FRIEZE — FRIES — DOCUMENTS

Palais Communal de PISTOJA. Italie.

Sculptures des Boiseries.

XVIᵐᵉ Siècle.

16 世纪，细木护壁板雕刻，意大利皮斯托亚市镇厅

FRISE
FRIEZE　FRIES

Nouvel HOTEL-DE-VILLE DE PARIS.

Mrs BALLU et DEPERTHES Architectes.

巴黎新市政府
建筑师：巴吕、德佩尔特

左图　德国现代雕刻
右图　意大利现代雕刻

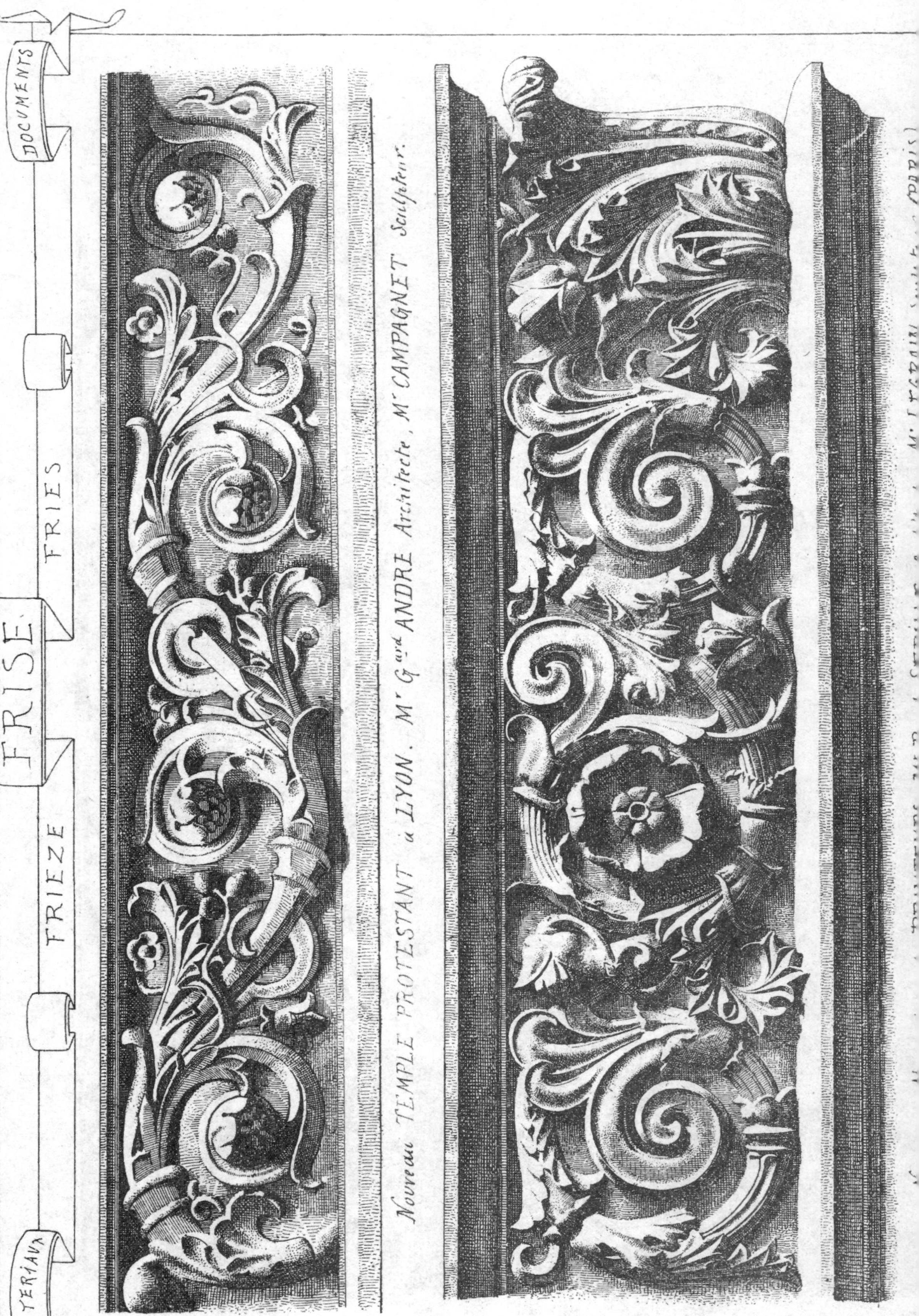

DOCUMENTS
FRISE
FRIEZE
FRIES
MATERIAUX
Nouveau TEMPLE PROTESTANT à LYON. Mr Gard ANDRE Architecte, Mr CAMPAGNET Sculpteur.

左图　里昂新耶稣教堂　建筑师：杰拉德・安德雷　雕刻师：康帕涅
右图　巴黎春天百货新店　建筑师：塞迪耶　雕刻师：勒格兰

MATERIAVX — FRIEZE — FRISE — FRIES — DOCUMENTS

Château de Courseulle. (Calvados)

Château de NEVERS

Fragment au Musée de Toulouse.

上图　库尔瑟莱城堡（卡尔瓦多斯省）
中图　讷韦尔城堡
下图　图卢兹博物馆残片

FRISE
FRIEZE   FRIES
MATÉRIAUX   DOCUMENTS

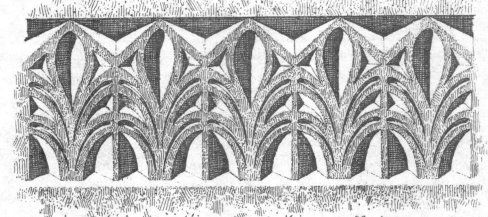

Fragments de frises Byzantines trouvés à Tolède.

Antérieurs à l'invasion des Maures en Espagne.

Cath.^{le} de GANDERSHEIM (Allemagne) Chapelle Ste Marie

FRAGMENT au MUSÉE de ROUEN. XIIeme Siècle.

于托莱多发现的拜占庭时期镶板雕带残片 ｜ 711年阿拉伯人（又称摩尔人）入侵伊比利亚半岛（今天的西班牙和葡萄牙）之前的镶板雕带残片 ｜ 德国甘德斯海姆主教座堂的圣玛丽礼拜堂 ｜ 12世纪鲁昂博物馆残片

FRISE.
FRIEZE — FRIES

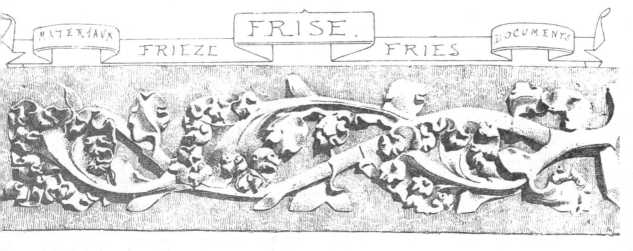

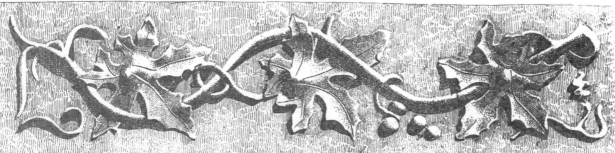

Cathédrale d'AMIENS

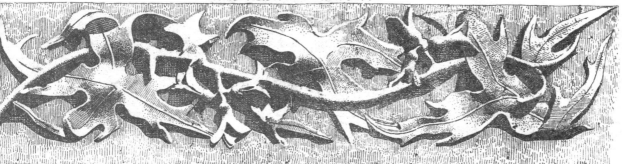

Boiseries du Chœur.

MATÉRIAUX — FRIEZE — FRISE — FRIES — DOCUMENTS

FRISE COMPOSÉE PAR MICHEL-ANGE
DANS LA SACRISTIE DE L'ÉGLISE Sᵗ LORENZO A FLORENCE.
On dit que Michel-Ange sculpta lui-même quelques-unes de ces figures.

A et B FRISES TIRÉES DE BAS-RELIEFS ANTIQUES.

上图　由米开朗基罗绘制的镶板雕带，于佛罗伦萨的圣洛伦佐教堂的圣器室，据说其中某些人像为米开朗基罗亲自雕刻
图A、图B　古代浅浮雕的镶板雕带

上图　15世纪，意大利菲耶索莱主教座堂，用来保护浅浮雕的顶饰　雕刻师：米诺达菲耶索莱
下图　萨卢塔蒂主教纪念碑顶饰

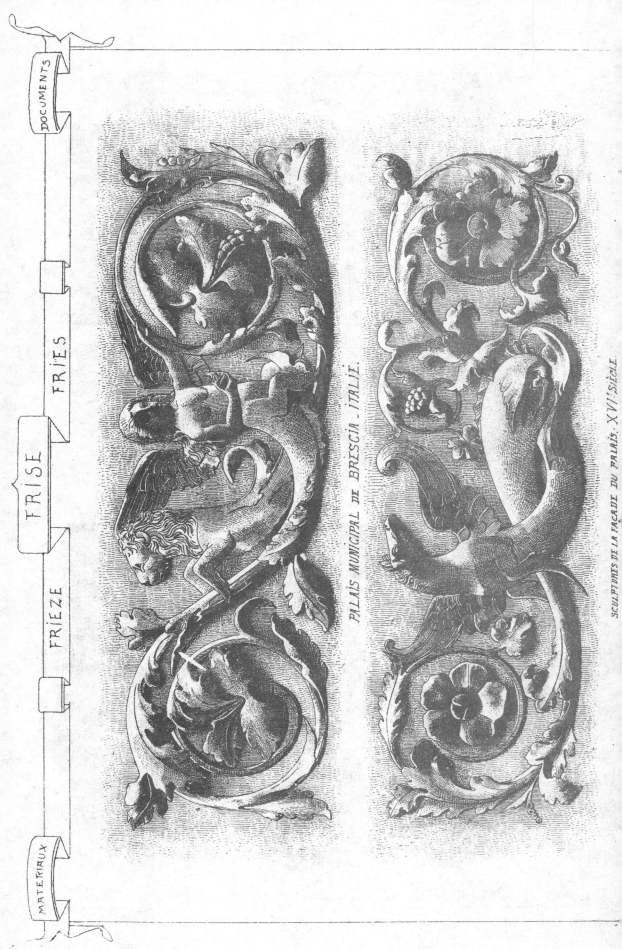

左图　意大利布雷西亚市镇厅
右图　16世纪，市镇厅主立面雕塑

MATERIAUX — FRISE. — DOCUMENTS
FRIEZE. FRIES.

A et B FRISES TIRÉES D'HABITATIONS PARTICULIÈRES A BERLIN
Sculpture Moderne

FRISE D'UNE PIERRE SÉPULCHRALE DU XVᵉ SIÈCLE
Dans l'église Saint-Jacques à Florence.

图A、图B　柏林私人寓所的镶板雕带，现代雕刻
下图　15世纪一处墓碑石的镶板雕带，于佛罗伦萨的圣雅克教堂

FRIEZE

PALAIS M
Sculptures allegoriqu

布雷西亚市镇厅立面的雕塑

FRIES

SCIA
de du palais

左图　16世纪夏特尔主教座堂的祭坛周围的过道
右图　波尔多圣安德雷主教座堂的镶板雕带，旧皇室大门，文艺复兴时期

左图　特鲁瓦博物馆的木雕（奥布省）
右图　16 世纪文艺复兴时期

MATÉRIAUX — FRIEZE — FRISE — FRIES — DOCUMENTS

FRONTON DU TEMPLE DE BAION, DANS LES RUINES KMERS D'ANGKOR, CAMBODGE.
DATE INCERTAINE, ANTERIEURE AU XIVme SIECLE.

CATHEDRALE D'ANGOULEME — XIIme S^{cle}

CATHEDRALE D'ANGOULEME

上图　柬埔寨巴戎神庙的三角楣，于高棉帝国废墟，年代不详，早于14世纪
中图　12世纪昂古莱姆主教座堂
下图　昂古莱姆主教座堂

FRISE
FRIEZE — FRIES

MATERIAUX — DOCUMENTS

FRISE ARABE A LA MOSQUÉE DE CORDOUE. ESPAGNE.

FRAGMENTS DE FRISES A L'ÉGLISE DE MARIGNAC. CHA.^{TE} INF.^{RE}.
D'après les croquis de Mr MICHEL Sculpteur.

FRISE ROMANE A LA CATHÉDRALE DE BOURGES. CHER.

上图　西班牙科尔多瓦寺的阿拉伯风格镶板雕带
中图　马里尼亚克教堂的镶板雕带残片，下夏朗特省，此图为歇尔的草图
下图　布尔日主教座堂的罗曼式镶板雕带，谢尔省

MATERIAUX — FRISE / FRIEZE / FREIS — DOCUMENTS

MUSÉE DU LOUVRE. TERRES CUITES
COLLECTION CAMPANA

MUSÉE DU LOUVRE. TERRES CUITES
COLLECTION CAMPANA

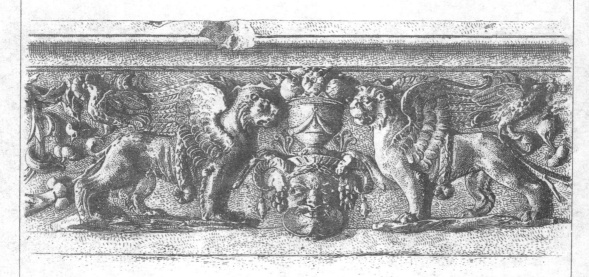

MUSÉE DE LATRAN. A ROME. FRISE TROUVÉE DANS LE FORUM DE TRAJAN.

上图　卢浮宫，陶土，康帕纳藏品
中图　卢浮宫，陶土，康帕纳藏品
下图　罗马拉特兰博物馆，发掘自图拉真广场

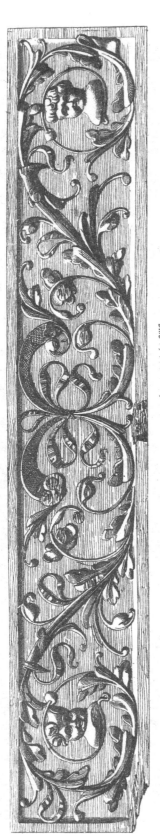

FRISES EN BOIS SCULPTÉ. XVIᵉᵐᵉ Siècle. TIRÉES D'UNE COLLECTION PARTICULIÈRE

16世纪木雕镶板雕带，私人藏品

MATERIAUX — FRISE — FRIEZE — FRIES — DOCUMENTS

EGLISE S.ᵗᵃ MARIA IN ORGANO. A VERONE. ITALIE. BOISERIES DE LA SACRISTIE.

PALAIS COMMUNAL DE PISTOJA. ITALIE. BOISERIES DU XVIᵉ. SIECLE.

EGLISE DE Sᵃⁿ MARTINO MAGGIORE A BOLOGNE. ITALIE.

上图　意大利维罗纳的奥兰诺圣玛利亚教堂，圣器室的细木护壁板
中图　意大利皮斯托亚的市镇厅，16 世纪细木护壁板
下图　意大利博洛尼亚的圣马蒂诺马焦雷教堂

MATERIAUX — FRISE / FRIEZE / FRIES — DOCUMENTS

FRISES COMPOSÉES ET EXÉCUTÉES PAR
Mr DESPOIS de FOLLEVILLE.

D'APRÈS LES PRINCIPES DE L'ORNEMENT PAR LA NATURE.

FRISE D'UNE MAISON RUE MOZART A PARIS. — Mr BOTREL ARCHITECTE.
Mr DESPOIS de FOLLEVILLE SCULPTEUR.

上图　由福勒维尔的德普瓦绘制并雕刻的镶板雕带
中图　遵循自然装饰原则
下图　巴黎的莫扎特路一处寓所的镶板雕带　建筑师：波特雷尔　雕刻师：福勒维尔的德普瓦

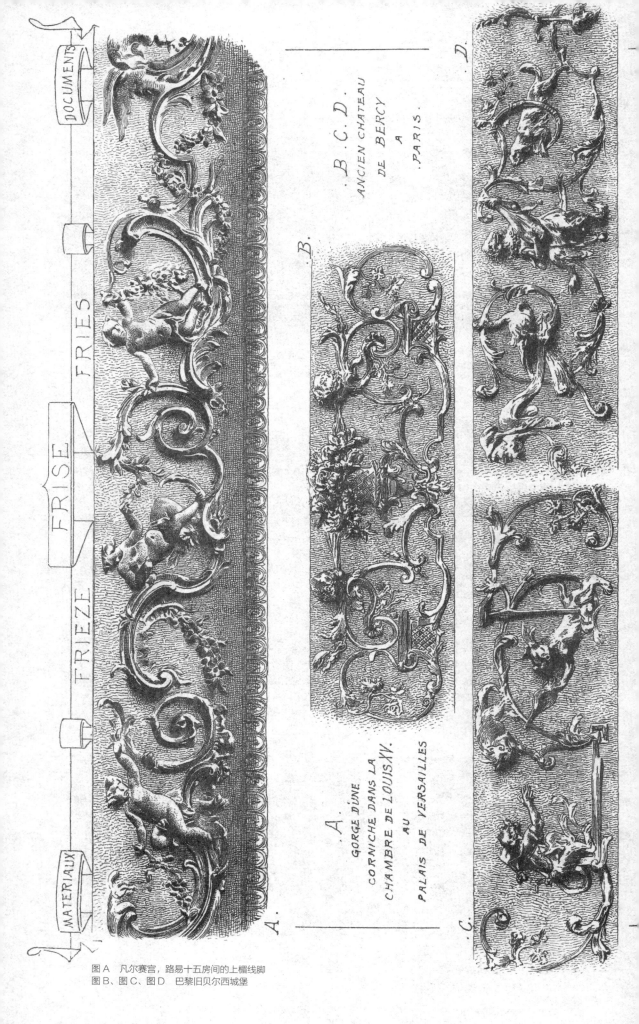

图A 凡尔赛宫，路易十五房间的上楣线脚
图B、图C、图D 巴黎旧贝尔西城堡

左　图　蒙希于米埃城堡（瓦兹省）彩绘有代表着福音书四位传道者头像的镶板雕带　建筑师：小布瓦洛
右上图　俄罗斯圣彼得堡的尼古拉耶夫先生的墓碑　建筑师：豪斯勒
右下图　俄罗斯圣彼得堡的贝克尔先生寓所　建筑师：普歇尔

MATERIAUX — FRIEZE / FRISE / FRIES — DOCUMENTS

A. et B. NOUVEAU THÉATRE DE L'OPÉRA-COMIQUE A PARIS — FRISE DE L'AILE EN RETRAITE DE LA FAÇADE PRINCIPALE — M. Louis BERNIER, Architecte.

FRISE DE L'AVANT-CORPS. FAÇADE PRINCIPALE

GRAND OPÉRA DE PARIS. M. Ch.les GARNIER, Architecte.

图A 巴黎新喜歌剧院主立面凹进部分侧翼的镶板雕带　建筑师：贝尼尔
图B 巴黎新喜歌剧院主立面正面凸出部分的镶板雕带
下图 巴黎大剧院　建筑师：查理·加尼叶

FRISE / FRIEZE / FRIES

HOTEL-DE-VILLE DE PARIS

EGLISE Sª MARIA DEL POPOLO. ROME

PALAIS DES TUILERIES. FRISE PAR Mʳ LEPRÊTRE

上图 巴黎市政府
中图 罗马人民圣母圣殿
下图 杜伊勒利宫 建筑师：勒普莱特

FRISE
FRIEZE — FRIES
MATERIAUX — DOCUMENTS

FRISE A L'ANCIEN CHATEAU DE BERCY
Décoration intérieure XVIII.ᵉ Siècle

FRISE tirée d'un cul de lampe décorant un livre du temps de LOUIS XIV

FRISE ; AU GARDE MEUBLE DE PARIS. LOUIS XVI.

上图　旧贝尔西城堡的镶板雕带，18世纪室内装饰
中图　路易十四时期某书中悬饰的镶板雕带
下图　路易十六时期巴黎的家具贮藏室的镶板雕带

FRISE
MATERIAUX — FRIEZE — FRIES — DOCUMENTS

FRISE D'UN RÉTABLE DANS L'ÉGLISE DE ST GERMER (OISE). XIII.e S.le MUSÉE DE CLUNY.

FRISE AU TOMBEAU DU FILS DE St LOUIS. XIII.e SIÈCLE. ABBAYE DE SAINT-DENIS

FRISE AU TOMBEAU DU FRÈRE DE St LOUIS. XIII.e SIÈCLE. ABBAYE DE SAINT-DENIS.

上图　13世纪克吕尼的圣热梅教堂的祭台后置装饰屏上的镶板雕带（瓦兹省）
中图　13世纪圣德尼修道院的圣路易之子墓碑上的镶板雕带
下图　13世纪圣德尼修道院的圣路易兄弟墓碑上的镶板雕带

图 A 藏于卢浮宫的起舞的仙女古希腊镶板雕带
图 B 罗马梵蒂冈博物馆哥利本僧之舞古希腊镶板雕带
注释：我们想在此次出版的镶板雕带选集中强调在装饰艺术中大量存在着重复对称人物造型的手法。中世纪这样的重复原理使用频繁，可谓是古代艺术的顶峰。除了这两个古希腊雕塑图案之外，在埃及古墓中的彩绘镶板雕带用的也是同样的风格。很遗憾因其内容的淫秽性我们将之转载。图 A 根据吉罗东的照片所绘。

左图　法国文艺复兴时期镶板雕带，夏特尔主教座堂祭台周围过道
右图　路易十二时期木雕镶板雕带，勒卡佩私人藏品

FRISE ROMANE ÉGLISE S.^T BARTOLOMEO A PISTOJA. ITALIE.

FRISE ROMANE AU PORTAIL DE LA CATHÉDRALE DE MATERA. ITALIE.

FRISE DE L'HOTEL CONTINENTAL A CANNES. Mr L.^s ROGNIAT Arch.^{te} à LYON. Mr PELLEGRINI Sculp.^r à CANNES.

上图　意大利皮斯托亚的圣巴托洛梅奥教堂的罗曼式镶板雕带
中图　意大利马泰拉主教座堂大门的罗曼式镶板雕带
下图　戛纳大陆酒店的镶板雕带　建筑师：L. 罗尼亚，于里昂　雕刻师：佩勒格里尼，于戛纳

图 A 罗马人民圣母圣殿的斯福尔扎枢机主教纪念碑上的镶板雕带 雕刻师：桑索维诺
图 B 意大利普拉托主教座堂一处礼拜堂的内院（青铜）

MATÉRIAUX — FRISE — DOCUMENTS
FRIEZE — FRIESE

A.

A ET B. FRISES D'UNE MAISON RUE SPONTINI N.º 64
A PARIS

B.

Mr. Paul LEGRIEL Architecte

Mr. Ad. VASSAL Sculpteur

FRISE AU NOUVEAU BÂTIMENT DE LA DIRECTION DES ECOLES
A BUENOS-AYRES. RÉPUBLIQUE ARGENTINE.

Mr. Carl ALTGELT Architecte   Mr. P. BINDER Sculpteur

图A、图B　巴黎斯彭蒂尼路64号一处寓所的镶板雕带　　建筑师：保罗·勒格里埃尔　　雕刻师：Ad. 瓦萨尔
下图　阿根廷共和国布宜诺斯艾利斯某学校新大楼的镶板雕带　　建筑师：卡洛斯·阿尔特吉尔特　　雕刻师：P. 宾德

MATERIAUX	FRISE	DOCUMENTS
	FRIEZE FRIESE	

FRISE ANIMÉE, SUR LA FAÇADE DE LA CATHÉDRALE D'ANGOULÊME. XI.ᵉ Siècle.

FRISE ROMANE AU MUSÉE DE VIENNE. (ISÈRE.) XII.ᵉ SIÈCLE.

FRISE MODERNE, STYLE ROMAN A LA CATHÉDRALE DE MARSEILLE.

上图 11世纪昂古莱姆主教座堂主立面的一处栩栩如生的镶板雕带
中图 12世纪维埃纳博物馆的罗曼式镶板雕带（伊泽尔省）
下图 马赛主教座堂罗马风格的现代镶板雕带

DOCUMENTS — FRISE · FRIESE · FRIEZE — MATÉRIAUX

FRISES ALLÉGORIQUES DANS LA GORGE DE LA CORNICHE DU GRAND SALON

CHATEAU DE BERCY PRÈS PARIS (DÉMOLI)

CE CHATEAU CONSTRUIT A LA FIN DU RÈGNE DE LOUIS XIV EST L'ŒUVRE DE LE VAU ARCHITECTE QUI CONSTRUISIT ÉGALEMENT L'HOTEL LAMBERT DANS L'ÎLE ST LOUIS A PARIS

巴黎附近贝尔西城堡（已拆除），这座由莱沃设计建造的城堡建于路易十四统治末期，他同样也建造了巴黎圣路易岛的朗贝尔酒店

FRISES GRECQUES & ÉTRUSQUES RECUEILLIES SUR LES VASES DE LA COLLECTION ANTIQUE DU MUSÉE DU LOUVRE A PARIS

古希腊和埃特鲁利亚的镶板雕带，样式采集自巴黎卢浮宫古代文物收藏中的花瓶

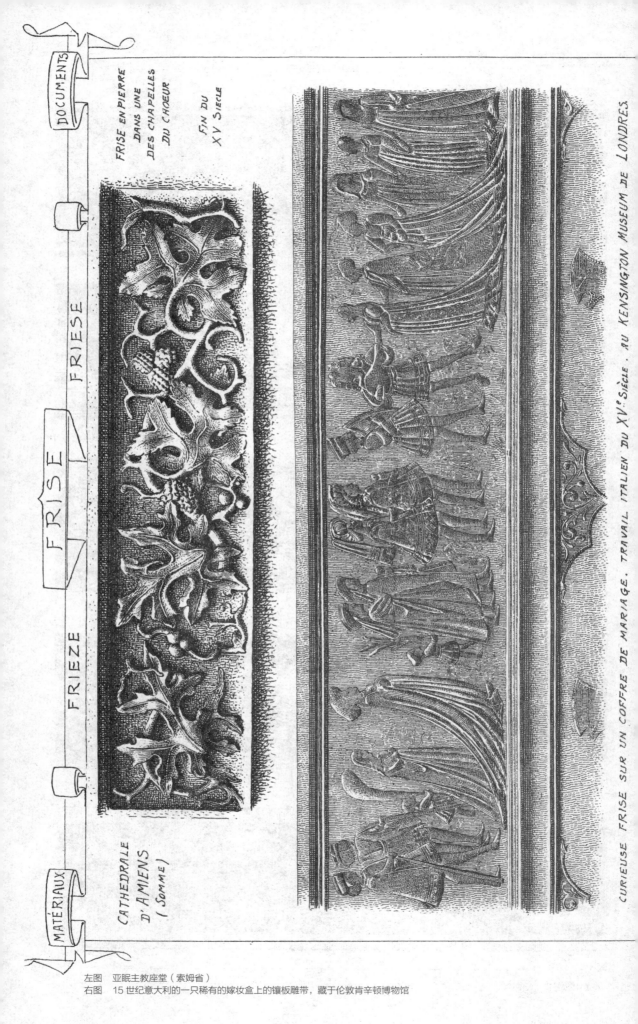

左图　亚眠主教座堂（索姆省）
右图　15世纪意大利的一只稀有的嫁妆盒上的镶板雕带，藏于伦敦肯辛顿博物馆

FRISE

MATERIAUX — FRIEZE — FRIESE — DOCUMENTS

FRISES EN GRÈS FLAMMÉS

COMPOSÉES ET EXÉCUTÉES
PAR LA MAISON JANIN ET GUERINEAU DE PARIS

火焰斑纹缸瓷的镶板雕带
绘制和制作：巴黎的雅南、盖里诺工坊

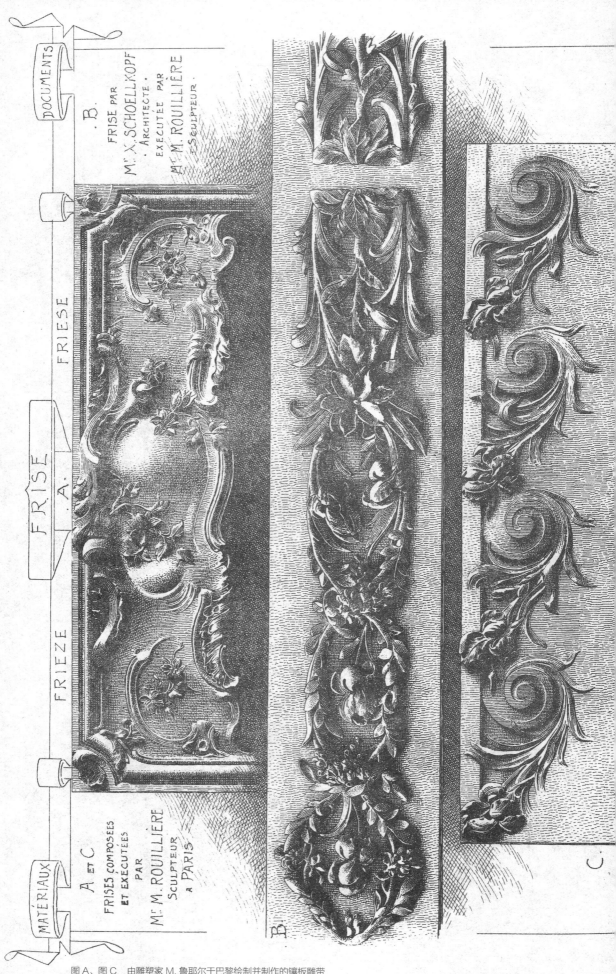

图 A、图 C　由雕塑家 M. 鲁耶尔于巴黎绘制并制作的镶板雕带
图 B　由 X. 舍尔科普夫设计，M. 鲁耶尔制作的镶板雕带

图 A　14 世纪斯特拉斯堡一处展示被罚入地狱的人在受酷刑的寓意镶板雕带
图 B　意大利罗马的拉特兰博物馆一处古代镶板雕带

图A 巴黎普龙尼路30号一处酒店立面的镶板雕带　建筑师：巴伯里和德圣莫　雕刻师：W. 勒米
图B 巴黎爱丽舍雷克吕斯一处出租寓所的镶板雕带　建筑师：A. 达尼耶

FRISE

MATERIAUX — FRIEZE — FRIESE — **DOCUMENTS**

A. FRISE SUR LA FAÇADE DE LA CATHÉDRALE DE St DAVID'S. ANGLETERRE. XIe Sle.

B. et C. FRISES AU PORTAIL DE L'ÉGLISE St ANTIMO A SIENNE. ITALIE. XIIe SIECLE.

图 A　11 世纪英国圣戴维斯主教座堂立面的镶板雕带
图 B、图 C　12 世纪意大利锡耶纳的圣安蒂莫教堂大门的镶板雕带

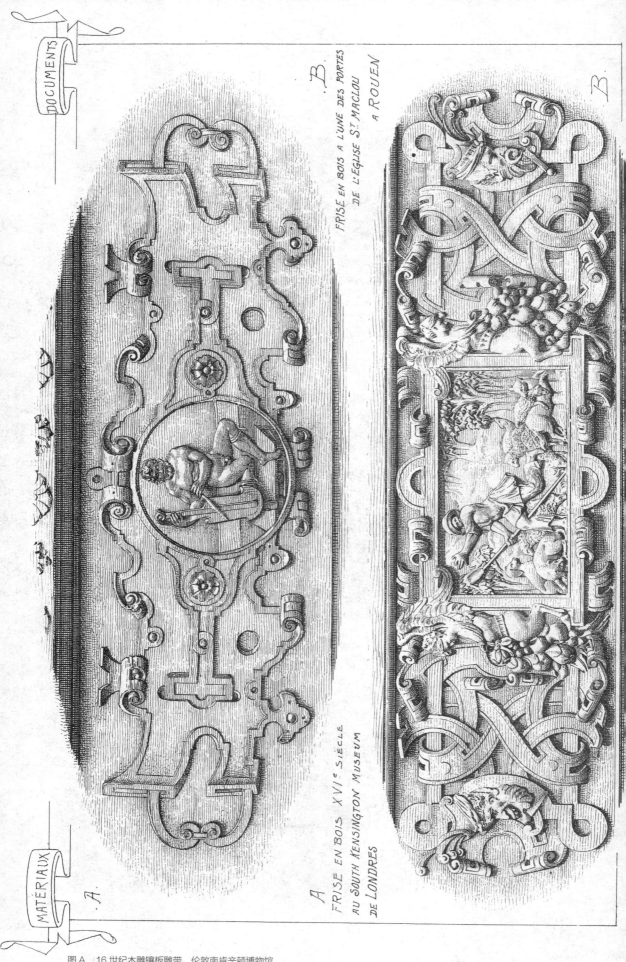

图A 16世纪木雕镶板雕带,伦敦南肯辛顿博物馆
图B 鲁昂圣马洛教堂一处门的木镶板雕带

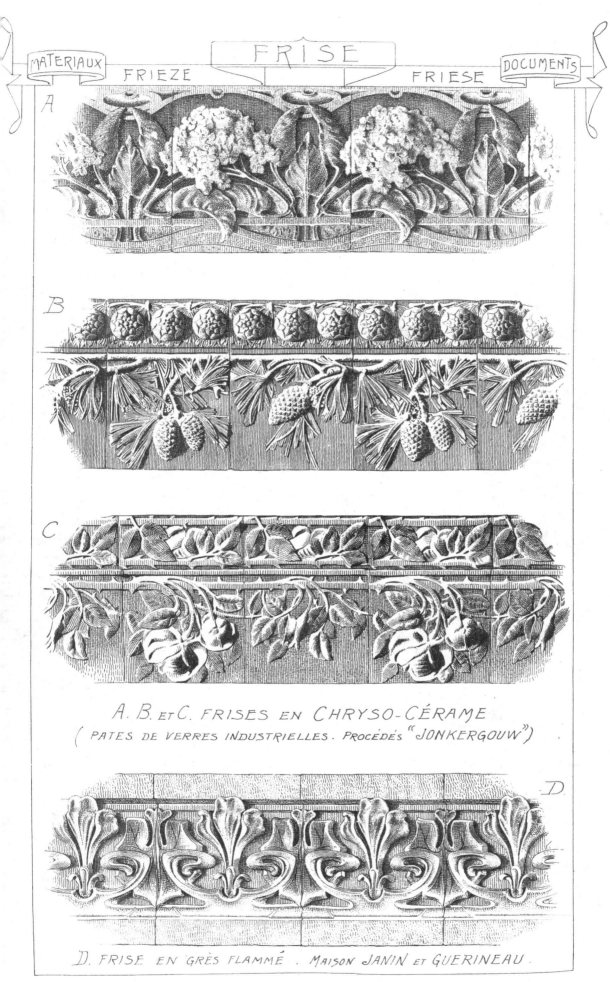

图A、图B、图C 金陶土镶板雕带（工业脱蜡铸造法，"琼格尔古"式工艺）
图D 火焰斑纹缸瓷的镶板雕带，由雅南和盖里诺工坊制作

图A　布鲁塞尔制泥厂路一处镶板雕带　雕刻师：P. 科莱
图B　里昂的"巴黎—里昂—马赛"快车线终点站酒店立面的镶板雕带　建筑师：G. 谢达纳

| MATERIAUX | FRIEZE | FRISE | FRIESE | DOCUMENTS |

FRISE ANIMÉE TIRÉE D'UN TEMPLE KHMER A ANGKOR
(INDO-CHINE)

FRISE D'UNE MAISON MODERNE A TURIN
. ITALIE .

FRISE A LA NOUVELLE CATHÉDRALE DE MARSEILLE

上图　吴哥高棉神庙的一处栩栩如生的镶板雕带（中南半岛）
中图　意大利都灵一处现代寓所的镶板雕带
下图　马赛新主教座堂的镶板雕带

FRISE

MATERIAUX — FRIEZE — FRIESE — DOCUMENTS

FRISE POUR UN MONUMENT COMMÉMORATIF. LOUIS XVI.
D'APRÈS BEAUVALLET

FRISE EN PIERRE, DANS L'INTÉRIEUR D'UN HOTEL PARTICULIER
A VIENNE. AUTRICHE.

FRISE AU MONUMENT CARNOT. PLACE DE LA RÉPUBLIQUE A LYON
Mr CH. NAUDIN ARCHITECTE.　　　　Mr G. GERMAIN SCULPTEUR.

上图　路易十六时期一处纪念碑的镶板雕带，博瓦莱所绘
中图　奥地利维也纳一所私营酒店内的石质镶板雕带
下图　里昂共和国广场的卡诺纪念碑的镶板雕带　建筑师：Ch. 诺丹　雕刻师：G. 杰曼

ÉGLISE SAINT MACLOU A ROUEN
FRISES AVEC PERSONNAGES ALLEGORIQUES SCULPTÉS PAR JEAN GOUJON.
AU PORTAIL DU CROISILLON NORD

鲁昂圣马洛教堂，由让·古容雕刻的有寓意的人像镶板雕带，位于十字耳堂北侧的大门

FRISE
MATÉRIAUX — FRIEZE — FRIESE — DOCUMENTS

Frises composées et exécutées en différents édifices.

Par Mrs Bernard et Odin, sculpteurs à Grenoble.

| MATÉRIAUX | FRIEZE | FRISE | FRIESE | DOCUMENTS |

DEUX FRISES PAR M.ʳ MERIGNARGNE, SCULPTEUR A NÎMES.

FRISE D'UNE MAISON DU XVIIᵉᵐᵉ SIÈCLE A LILLE, RUE DU MARCHÉ AUX POULETS.

FRISE PAR M.ʳ FOURÈS, SCULPTEUR A TOULOUSE.

上图　由梅里尼亚格于尼姆雕刻的两处镶板雕带
中图　17世纪里尔的鸡市场路一处寓所的镶板雕带
下图　由福贺斯于图卢兹雕刻的一处镶板雕带

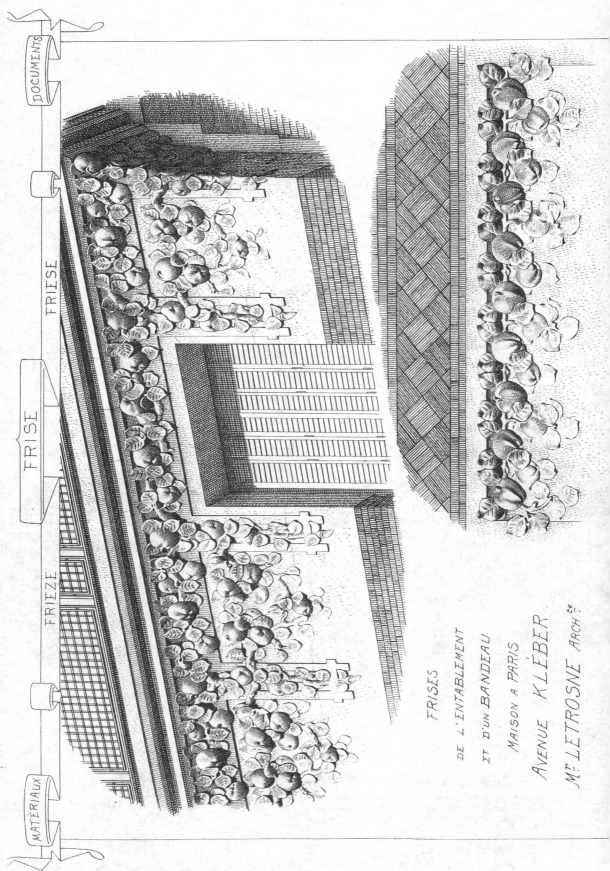

巴黎一处寓所顶部的镶板雕带和层间腰线，克莱伯大街
建筑师：勒特罗纳

MATÉRIAUX — FRIEZE — FRISE — FRIESE — DOCUMENTS

MUSÉE DE TOULON
Mr G. ALLAR Archte

EGLISE SAN GIUSTO
XIIème Siècle.
A LUCQUES · ITALIE · TOSCANE.

ORNEMENTS COURANT SUR LES CORNICHES DES PLAFONDS.
BOULD DE COURCELLES, PARIS. Mr SCHOELLKOPF Archte

上图　土伦博物馆　建筑师：G. 阿拉尔
中图　12世纪意大利托斯卡纳地区卢卡的圣朱斯托教堂
下图　天花板凸出部位的装饰，巴黎库尔塞勒大道　建筑师：舍尔科普夫

图A 讷伊的贝朗热路6号一处出租寓所的二层腰线的镶板雕带（塞纳省） 建筑师：罗杰·科恩
图B 位于塞纳省讷伊的因克尔曼大道14号一处出租寓所顶部的镶板雕带

| MATÉRIAUX | FRISE | DOCUMENTS |
| FRIEZE | | FRIESE |

FRISE, FAÇADE DES NOUVEAUX BÂTIMENTS DU PALAIS DE JUSTICE A PARIS.
Mr TOURNAIRE Architecte.

FRISE D'UNE MAISON, RUE ETIENNE MARCEL, PARIS.
Mr L. MAGNE Architecte.

上图　巴黎法院新大楼立面的镶板雕带　建筑师：图尔奈
下图　巴黎的埃蒂安马尔塞路一处寓所的镶板雕带　建筑师：L. 马涅

MATÉRIAUX	FRISE	DOCUMENTS
	FRIEZE FRIESE	

FRISE DANS L'ENTABLEMENT D'UNE VILLA — VILLA "NINA" A NICE, Alpᵉˢ Marᵉˢ, Rue CAFARELLI Nº 12.

FRISE, FAÇADE D'UN HOTEL, AVENUE DE LA CASCADE, 47, A BRUXELLES.

FRISE AU PLAFOND D'UN HOTEL, Mʳ BAUDSON, SCULPTEUR, PARIS.

上图　一处别墅顶部的镶板雕带，位于尼斯的尼娜别墅，滨海阿尔卑斯省，卡法雷利路 12 号
中图　布鲁塞尔瀑布路 47 号一所酒店立面的镶板雕带
下图　一所酒店天花板的镶板雕带　雕刻师：布德森，于巴黎

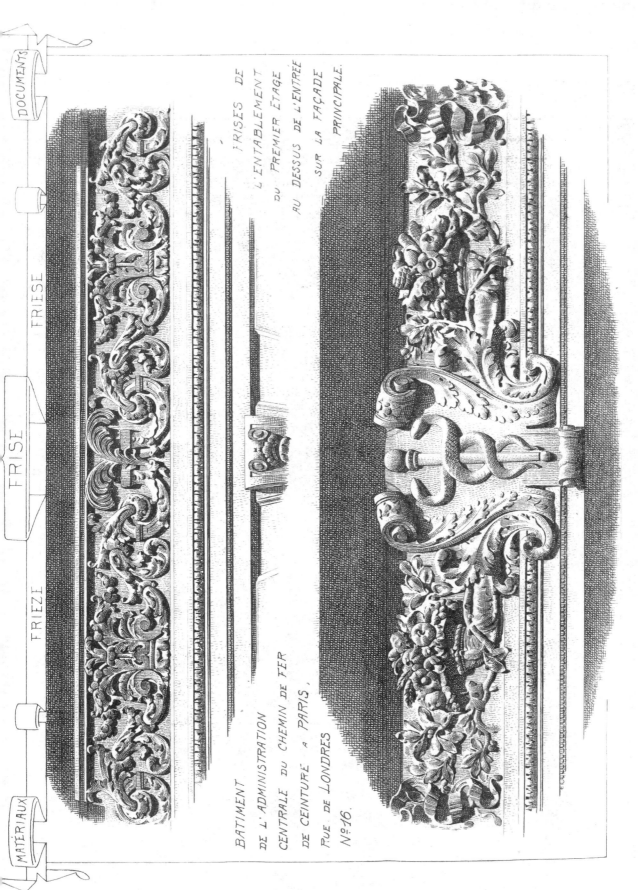

巴黎环城铁道中央行政大楼，主立面上方入口处的二层楼腰际线上的镶板雕带，伦敦路 16 号

廊台 Gallery(Galerie)

NOUVELLE PRÉFECTURE DU RHÔNE
Par M' A. LOUVIER Architecte à Lyon.

EXPOSITION UNIVERSELLE DE PARIS. 1889. GALERIE de COURONNEMENT DES
BATIMENTS DES BEAUX ARTS PAR M' J. FORMIGE Architecte.

上图　罗讷省新省政府顶部廊台　建筑师：A. 卢维埃，于里昂
下图　1889年巴黎世博会美术学院大楼顶部廊台　建筑师：J. 福米热

GALERIE
GALLERY　GALLERIE
MATERIAUX　DOCUMENTS

CHATEAU DE HARTENFELS à TORGAU (Allemagne)
XVIme Siècle.

FACADE du PORTUGAL, dans la RUE des NATIONS
A L'EXPOSITION UNIVERSELLE DE PARIS en 1878.

上图　16世纪德国托尔高的哈尔滕费尔斯城堡
下图　1878年巴黎世博会万国路葡萄牙馆立面

MATERIAUX — GALERIE — DOCUMENTS
GALLERY — GALLERIE

EXPOSITION UNIVERSELLE de PARIS. 1889.

PAVILLON des CHAMBRES de COMMERCE MARITIMES
Mr Ch. GIRAULT ARCHITECTE

THÉATRE des ARTS à ROUEN, Mr SAUVAGEOT ARCHITECTE.

上图　1889年巴黎世博会海上贸易商会馆　建筑师：Ch. 吉罗
下图　鲁昂艺术剧院　建筑师：索瓦若

省议会府，里昂的罗讷省新省政府
建筑师：A. 卢维埃 雕刻师：拉布朗什

1889年巴黎世博会，食品行业馆，巴黎奥赛码头
建筑师：G. 罗林　雕刻师：特鲁加，于巴黎

MATERIAUX	GALERIE	DOCUMENTS
	GALLERY GALLERIE.	

EXPOSITION UNIVERSELLE de PARIS. 1889.

PAVILLON ESPAGNOL
Mr Arturo MELIDA
Directeur des Travaux

GALERIE DE COUR.^t des PAVILLONS en AILE.
Renaissance Espagnole,
Style dit PLATERESCO

GALERIE de COURONN.^t du BÂTIMENT CENTRAL.
Gothique fleuri influencé par l'Art Arabe. Fin du XVe Siècle.

上图　1889年巴黎世博会，西班牙馆，侧馆顶部廊台，西班牙文艺复兴时期，名为普拉特莱斯克风格　施工总监：阿图罗·梅里达
下图　中央大楼顶部廊台，受阿拉伯艺术影响的哥特花饰，15世纪末

GALERIE
MATERIAUX — GALLERY — GALLERIE — DOCUMENTS

HOTEL-DE-VILLE de PARIS

GALERIE de COURONNEMENT en ZINC
PAVILLONS D'ANGLES

GALERIE EN PIERRE

Mrs BALLU et DEPERTHES Architectes.

上图 巴黎市政府，角阁顶部锌质廊台
下图 巴黎市政府，石质廊台　建筑师：巴吕和德佩尔特

GALERIE / GALLERY / GALLERIE

GALERIE DE COURONNEMENT, RENAISSANCE FRANÇAISE

CHÂTEAU D'USSON XVIme Siècle.

A ECHEBRUNE
(Charente-Inf^{re})

上图　16 世纪，法国文艺复兴时期，于松城堡顶部廊台
下图　埃舍布兰（下夏朗特省）

嘎咕鬼 Gargoyle (Gargouille)

MATERIAUX · GARGOYLE · GARGOUILLE · FRATZENGESICHT · DOCUMENTS

GARGOUILLE À POMPEÏ, MAISON DITE DU FAUNE

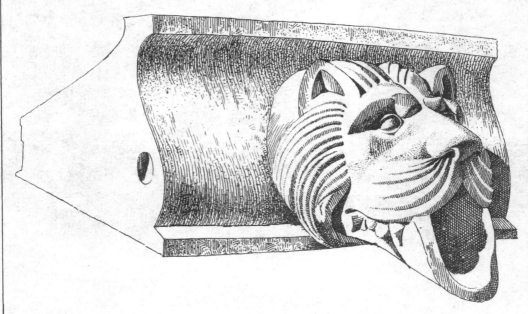

TEMPLE DE MINERVE À ASSISI.

上图　庞贝一处被认为是为牧神而建的寓所
下图　阿西西雅典娜神庙

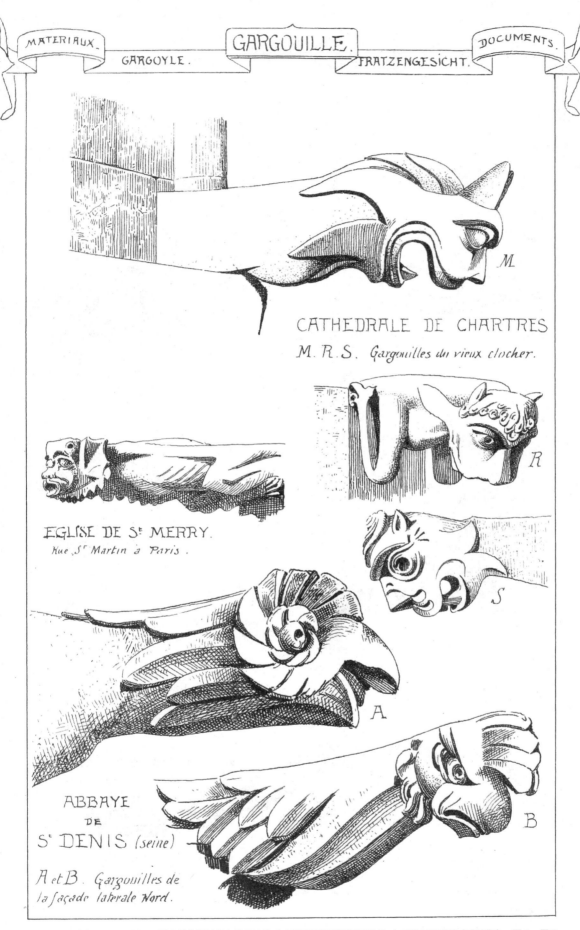

夏特尔主教座堂，图 M、图 R、图 S 均为旧钟楼上的嘎咕鬼 ｜ 巴黎圣马丁路圣梅丽教堂 ｜ 圣德尼修道院（塞纳省），图 A、图 B 为正面北侧的嘎咕鬼

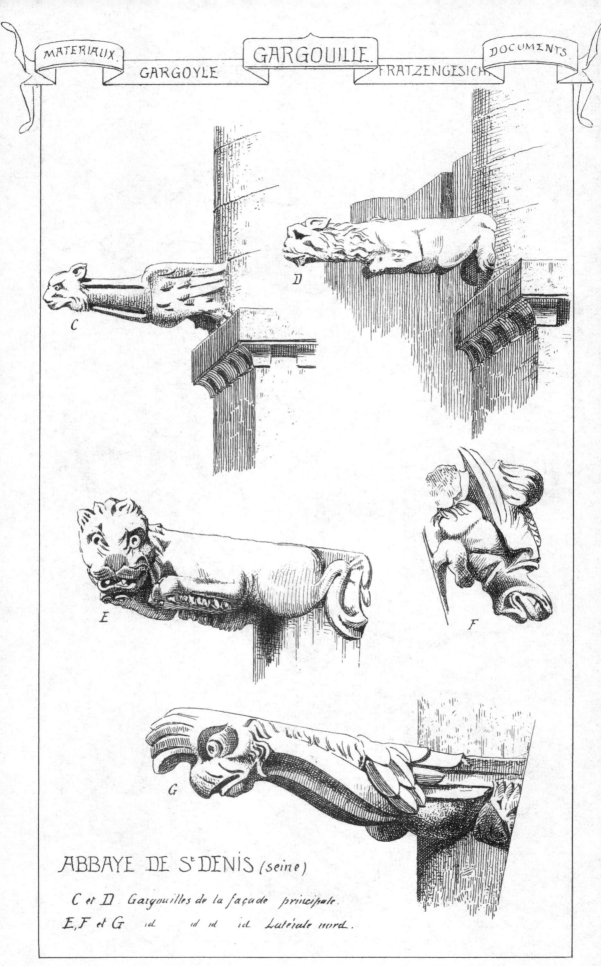

图C、图D 圣德尼修道院主立面嘎咕鬼，塞纳省
图E、图F、图G 圣德尼修道院北侧面嘎咕鬼，塞纳省

GARGOUILLE.
GARGOYLE — FRATZENGESICHT

MATERIAUX — DOCUMENTS

SAINTE CHAPELLE DE PARIS.

CATHÉDRALE DE MEAUX

TOUR St JACQUES À PARIS.

TOUR St JACQUES

CATHÉDRALE DE MEAUX.

CATHÉDRALE DE SENS.

巴黎圣礼拜堂 ｜ 莫城主教座堂 ｜ 巴黎圣雅各伯塔 ｜ 圣雅各伯塔 ｜ 莫城主教座堂 ｜ 桑斯主教座堂

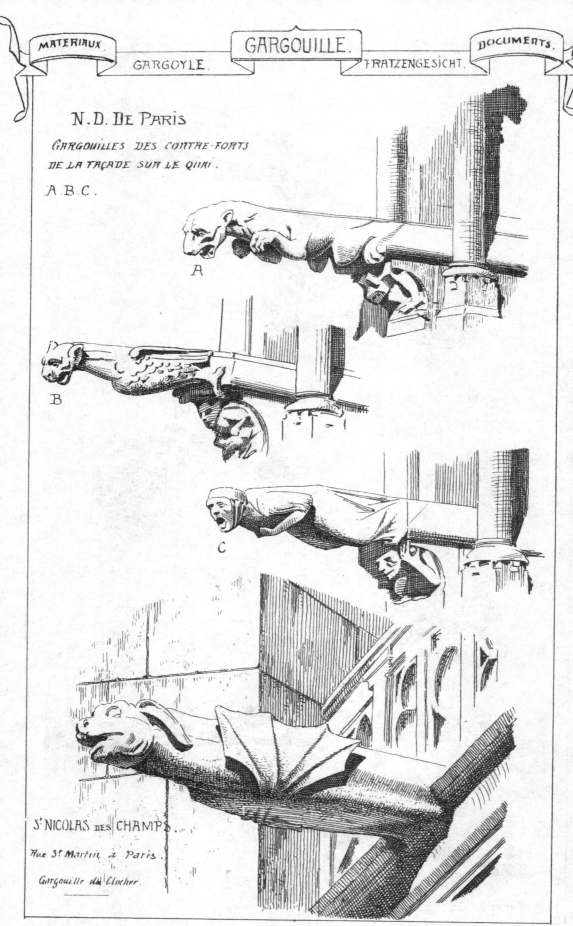

图A、图B、图C　巴黎圣母院，面朝码头的立面扶垛上的嘎咕鬼
下图　田园圣尼各老教堂，巴黎圣马丁路，钟楼嘎咕鬼

GARGOUILLE
GARGOYLE — FRATZENGESICHT

CHATEAU DE St GERMAIN EN LAYE
D'après un croquis de Mr F. Roux archte

A et B. Gargouilles de la
CASA LONJA à VALENCE (Espagne)

EGLISE PAROISSIALE DE St DENIS
EN-TRANCE
Gargouille des contre-forts de l'abside.

N.D. de PARIS
Gargouille du Soubassement
sur la r. du cloître notre-dame.

N.D. DE PARIS
Gargouille sur la rue du Cloître N. Dame.

圣日耳曼昂莱城堡，来自 F. 鲁的草图 ｜ 图 A、图 B　西班牙巴伦西亚的龙加之屋的嘎咕鬼 ｜ 圣德尼堂区教堂，半圆形后殿扶垛上的檐槽喷口 ｜ 巴黎圣母院墙基处引水喷口，位于内院路上 ｜ 巴黎圣母院，位于内院路上的一处嘎咕鬼

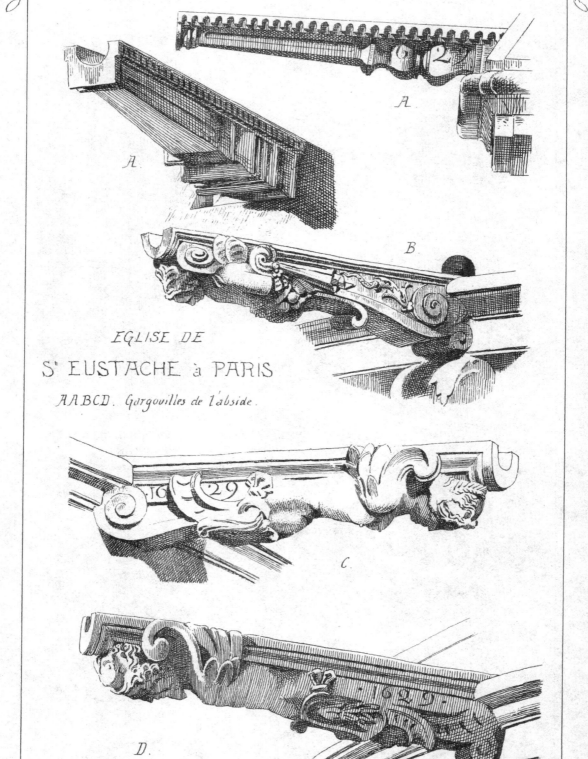

图A、图B、图C、图D　巴黎圣厄斯塔什教堂半圆形后殿处的嘎咕鬼

GARGOUILLE.

MATERIAUX — GARGOYLE — FRATZENGESICHT — DOCUMENTS

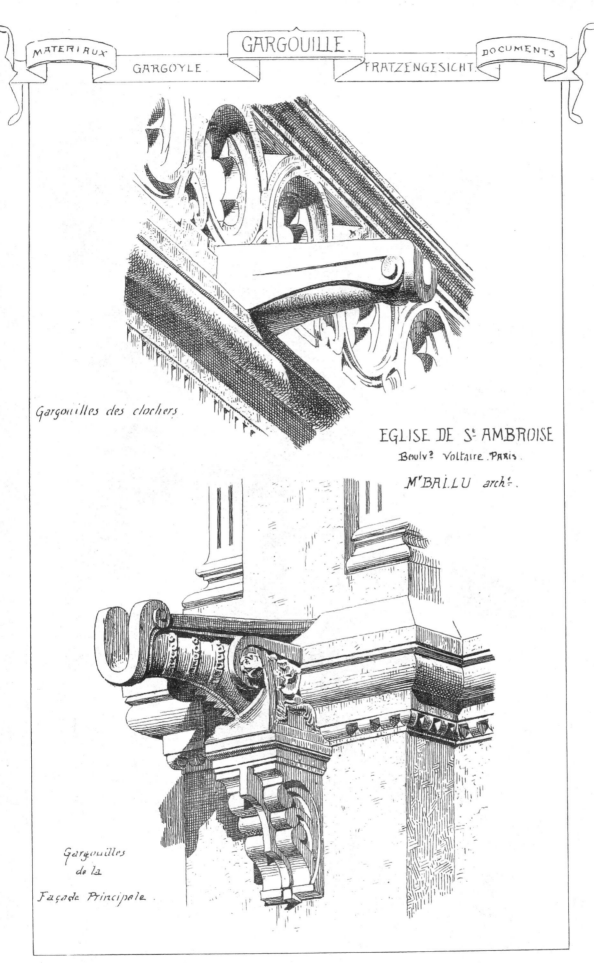

Gargouilles des clochers.

EGLISE DE St AMBROISE
Boulv?. Voltaire. PARIS.
M' BALLU arch?.

Gargouilles de la Façade Principale.

上图　巴黎圣盎博罗削教堂，钟楼处檐槽喷口，伏尔泰大道　建筑师：巴吕
下图　巴黎圣盎博罗削教堂，主立面处的檐槽喷口

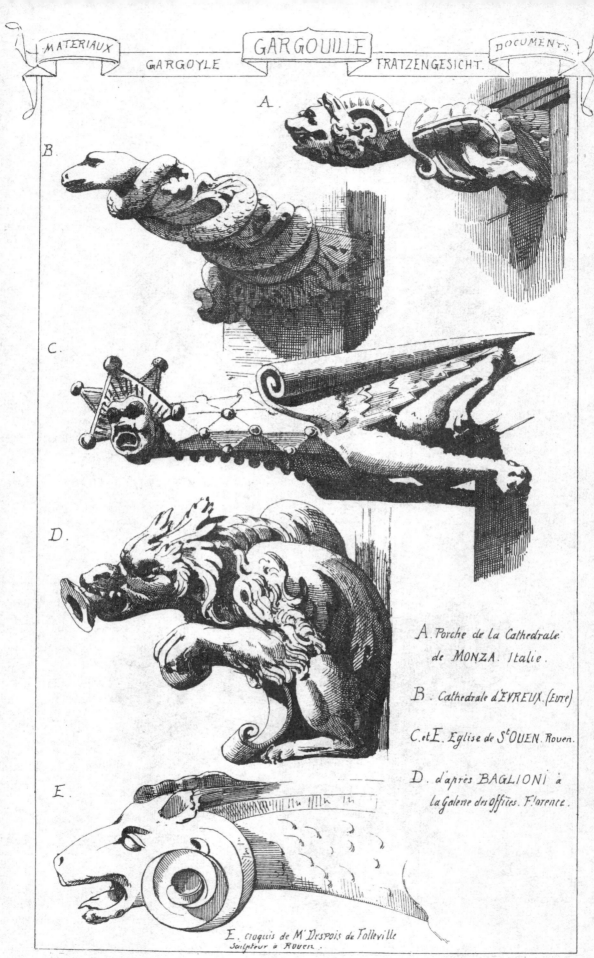

图A 意大利蒙扎主教座堂门廊 ｜ 图B 埃夫勒主教座堂（厄尔省） ｜ 图C、图E 鲁昂的圣旺教堂 ｜ 图D 出自巴格里奥尼于佛罗伦萨乌菲兹美术馆的草图 ｜ 图E 出自鲁昂雕刻师德普瓦·德·福勒维尔的草图

图 A 厄镇教堂（下塞纳省）大型扶垛处的嘎咕鬼 建筑师：维奥莱·勒·杜克 | 图 D 巴约主教座堂（卡尔瓦多斯省）| 图 B、图 C 卡昂圣皮埃尔教堂钟楼（卡尔瓦多斯省）| 图 E 迪耶普的圣雅克教堂（下塞纳省）

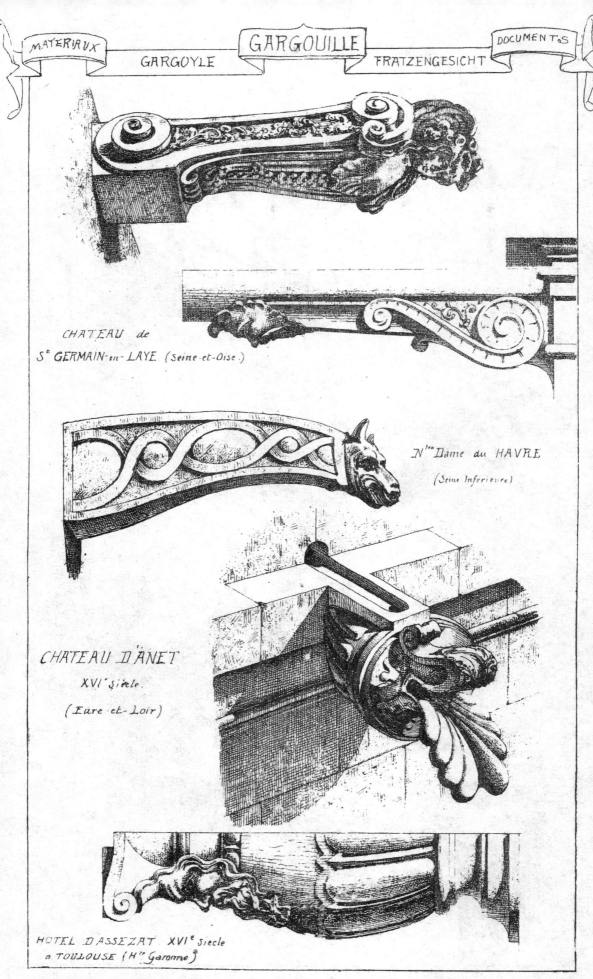

GARGOUILLE
MATERIAUX — GARGOYLE — FRATZENGESICHT — DOCUMENTS

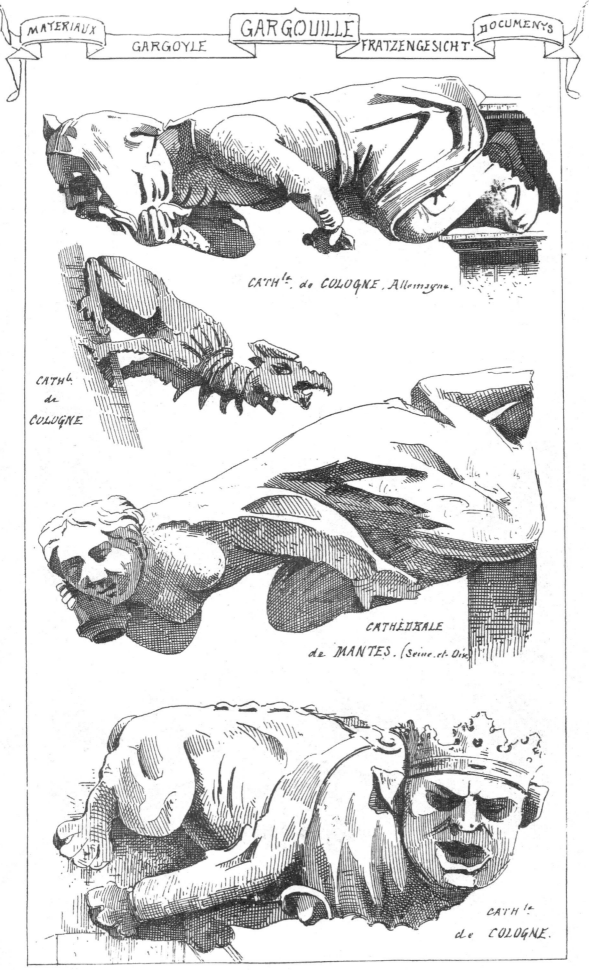

Cathˡᵉ de COLOGNE, Allemagne.
Cathˡᵉ de COLOGNE.
CATHÉDRALE de MANTES (Seine-et-Oise).
Cathˡᵉ de COLOGNE.

德国科隆主教座堂 ｜ 科隆主教座堂 ｜ 芒特主教座堂（塞纳－瓦兹省）｜ 科隆主教座堂

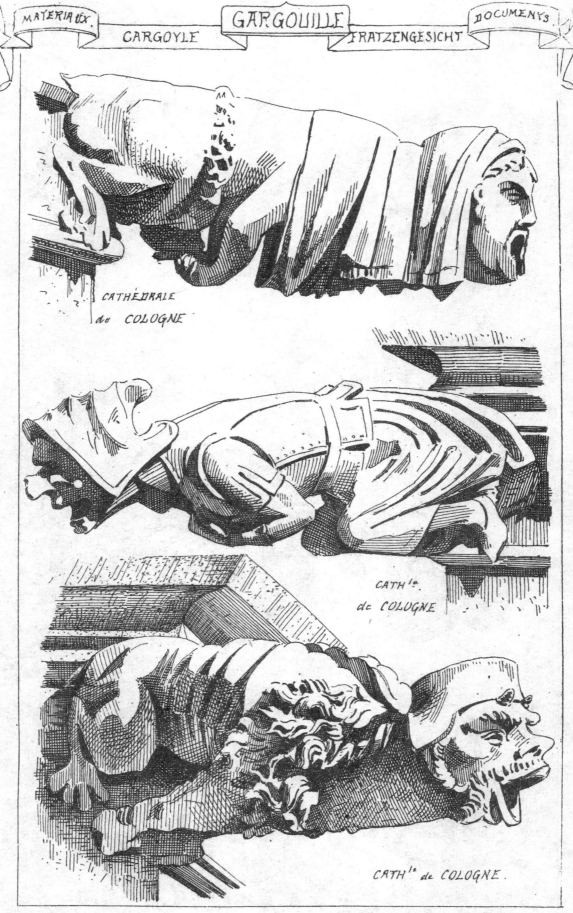

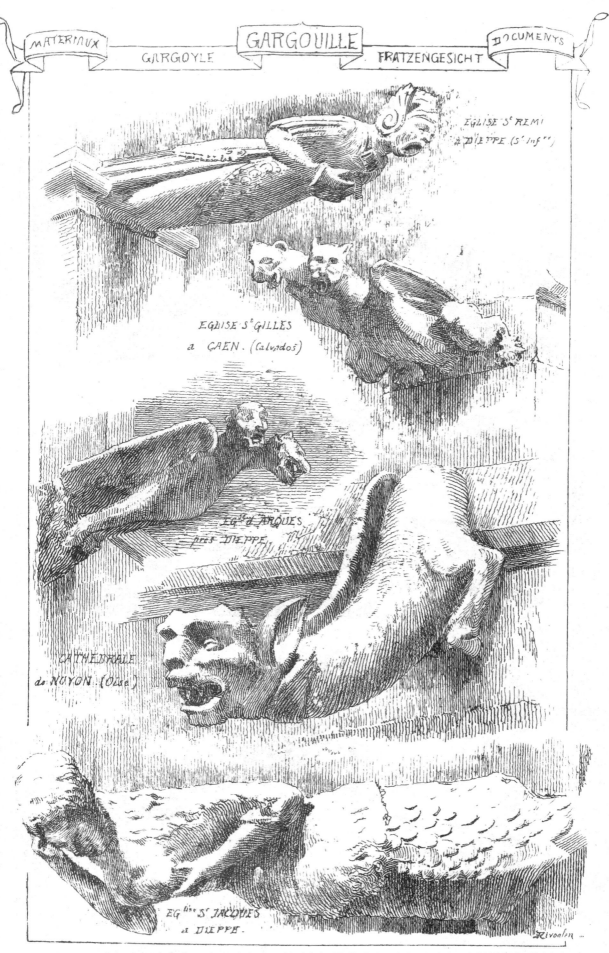

迪耶普的圣雷米教堂（下塞纳省）｜卡昂圣吉尔教堂（卡尔瓦多斯省）｜迪耶普附近的阿尔克教堂｜努瓦永主教座堂（瓦兹省）｜迪耶普的圣雅克教堂

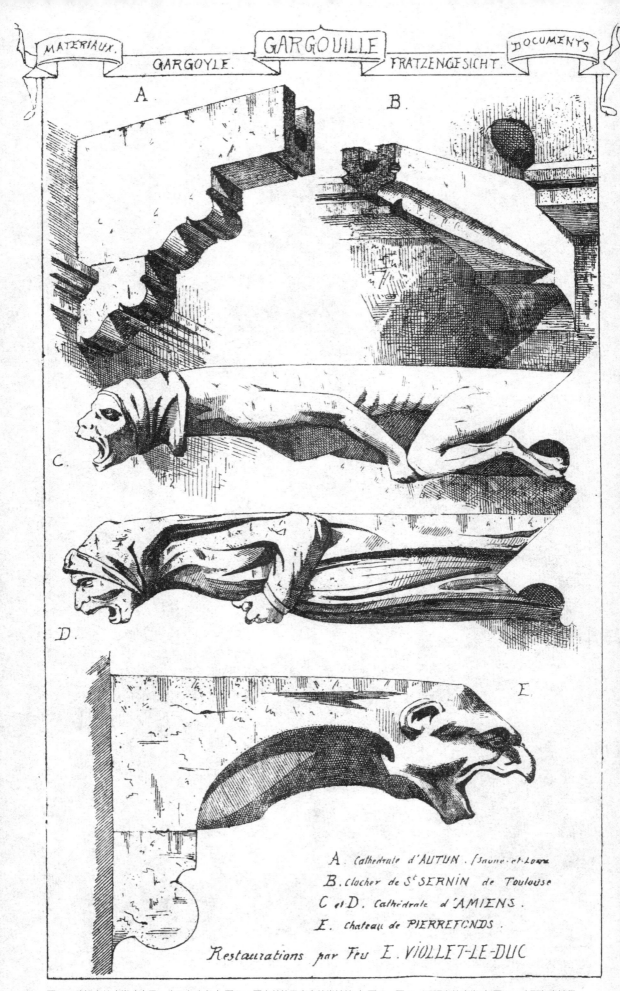

图A 欧坦主教座堂（索恩-卢瓦尔省） | 图B 图卢兹的圣塞宁教堂钟楼 | 图C、图D 亚眠主教座堂 | 图E 皮耶尔丰城堡
由已故建筑师欧仁·维奥莱·勒·杜克修复

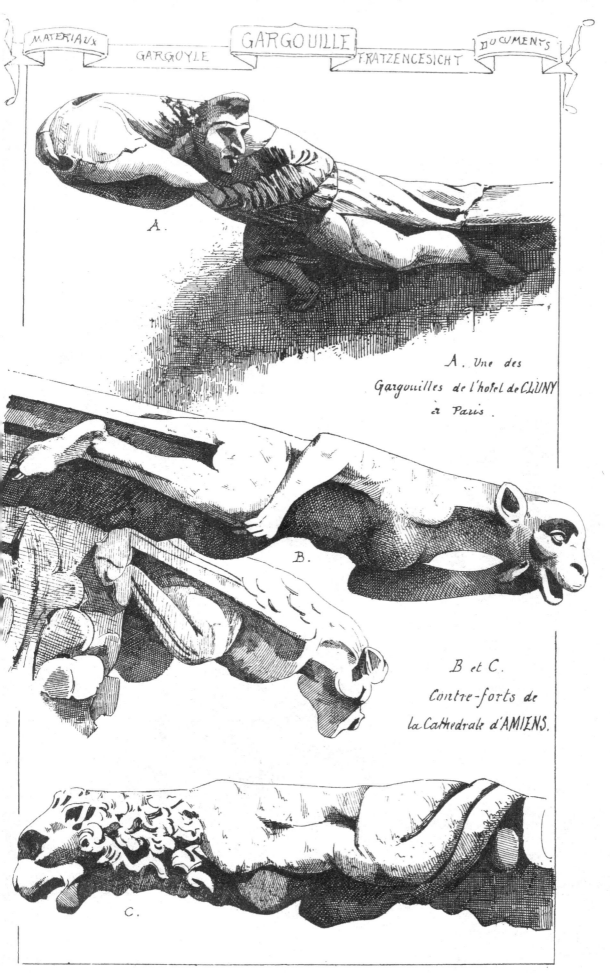

图A 巴黎的克吕尼酒店一处嘎咕鬼
图B、图C 亚眠主教座堂扶垛

MATÉRIAUX — GARGOUILLE / GARGOYLE / WASSERSPEIER — DOCUMENTS

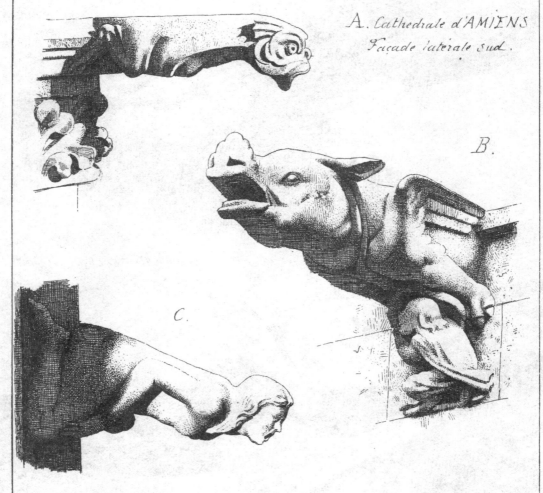

A. Cathédrale d'AMIENS
Façade latérale sud.

B. Cath^{le} de LAON
Façade.

C. Abside de l'église
St URBAIN
à TROYES

D. Cath^{le} St PIERRE
à TROYES
(Aube).

图A　亚眠主教座堂南侧立面
图B　拉昂主教座堂立面
图C　特鲁瓦的圣于尔班教堂半圆形后殿
图D　特鲁瓦的圣皮埃尔教堂（奥布省）

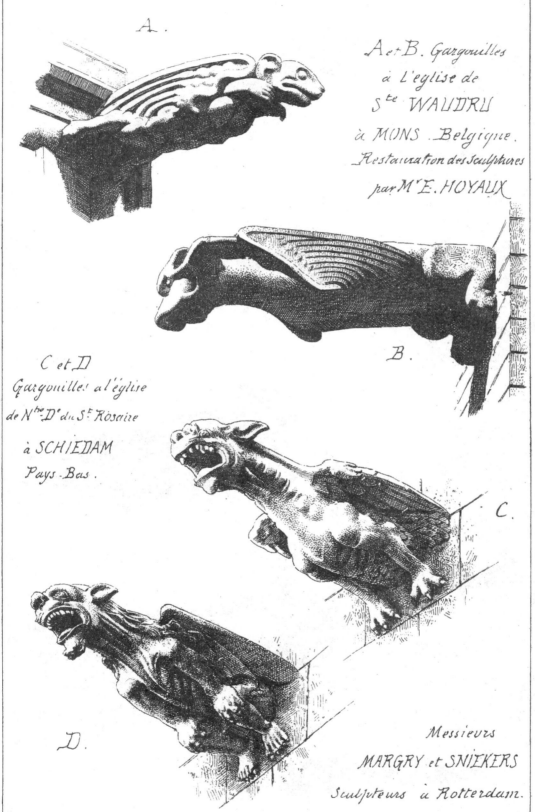

图A、图B 比利时蒙斯的圣沃德吕教堂 雕塑修复：E. 瓦约
图C、图D 荷兰斯希丹的圣罗塞尔圣母教堂，马格雷和斯尼克于鹿特丹雕刻

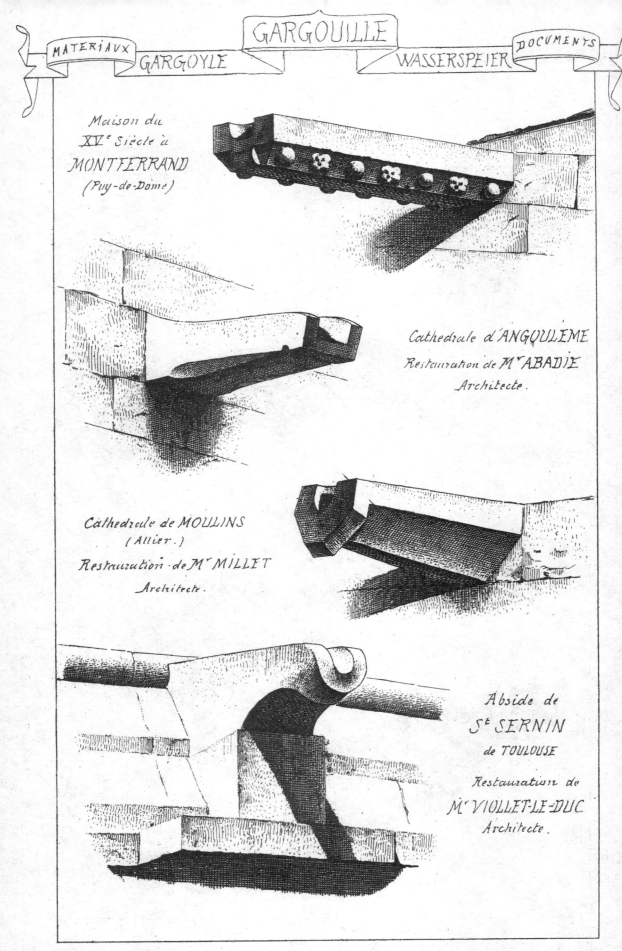

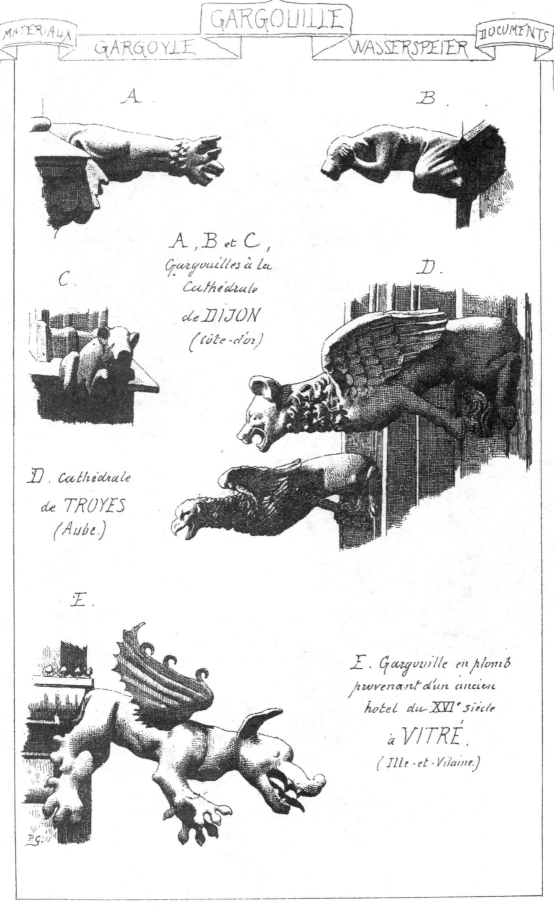

图A、图B、图C 第戎主教座堂的嘎咕鬼（科多尔省）
图D 特鲁瓦主教座堂（奥布省）
图E 16世纪维特雷的一所旧酒店的铅质嘎咕鬼（伊勒-维莱讷省）

巴黎蒙马特高地的新圣心大教堂，半圆形后殿处的嘎咕鬼
建筑师：阿巴迪　雕刻师：图尔尼埃

图A 阿布维尔的圣乌尔弗航教堂（索姆省）
图B 自由城主教座堂（罗讷省）
图C 兰斯主教座堂
图D 布鲁瓦城堡

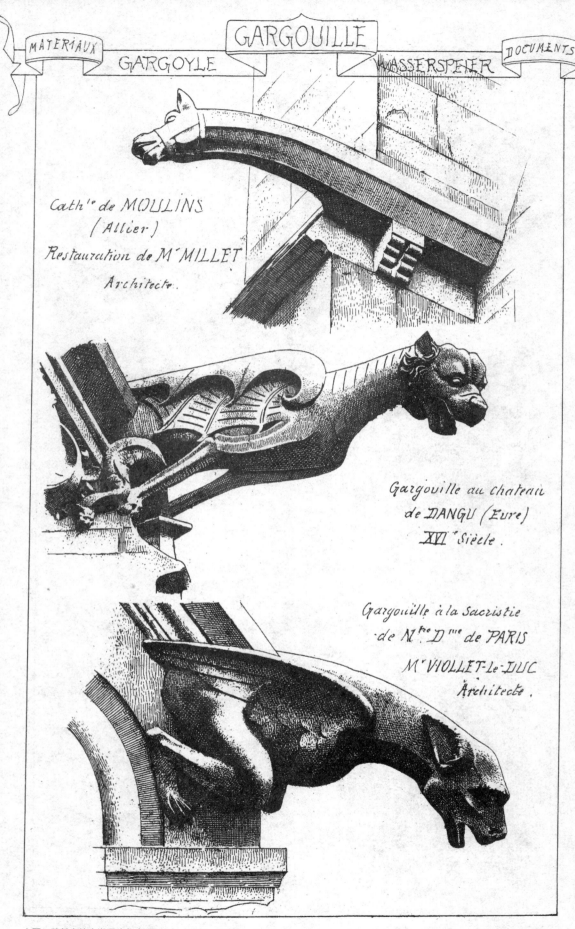

上图　穆兰主教座堂嘎咕鬼（阿列省）　修复：米勒
中图　16世纪当居城堡的一处嘎咕鬼（厄尔省）
下图　巴黎圣母院圣器室的嘎咕鬼　建筑师：维奥莱·勒·杜克

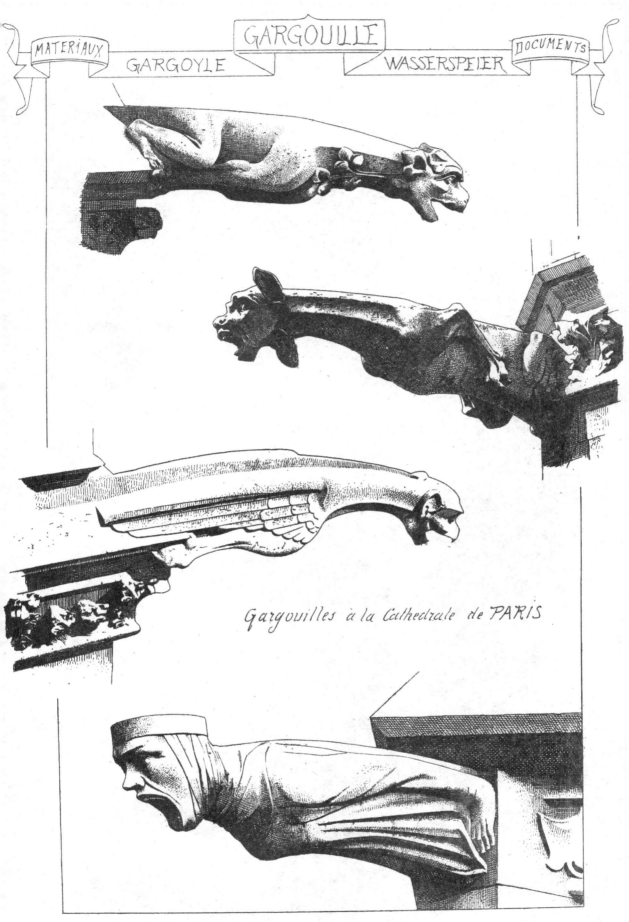

巴黎主教座堂的嘎咕鬼

上图　兰斯主教座堂立面
下图　16世纪沙托丹城堡立面的檐口

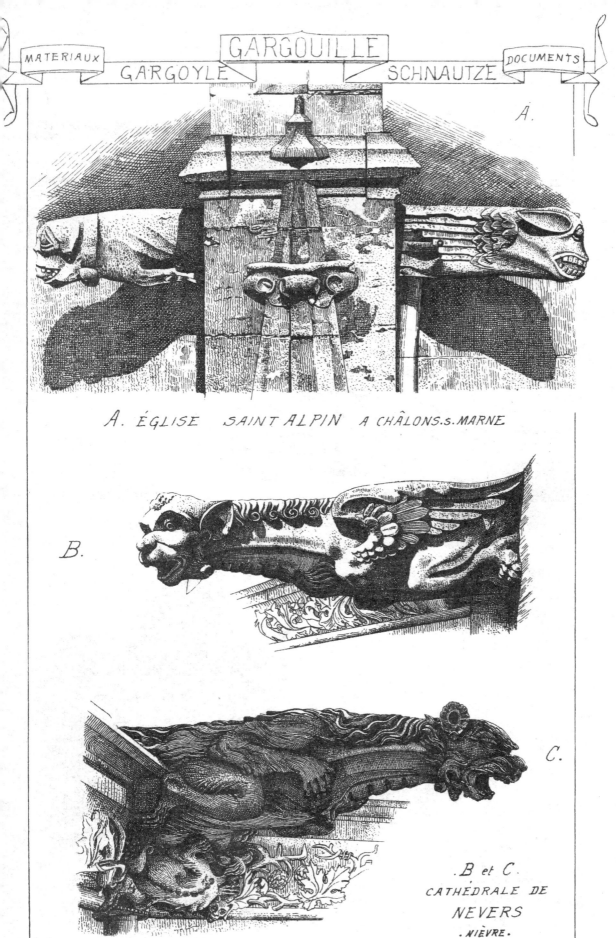

图A 马恩河畔沙隆的圣阿尔品教堂
图B、图C 均为涅夫勒省讷韦尔主教座堂

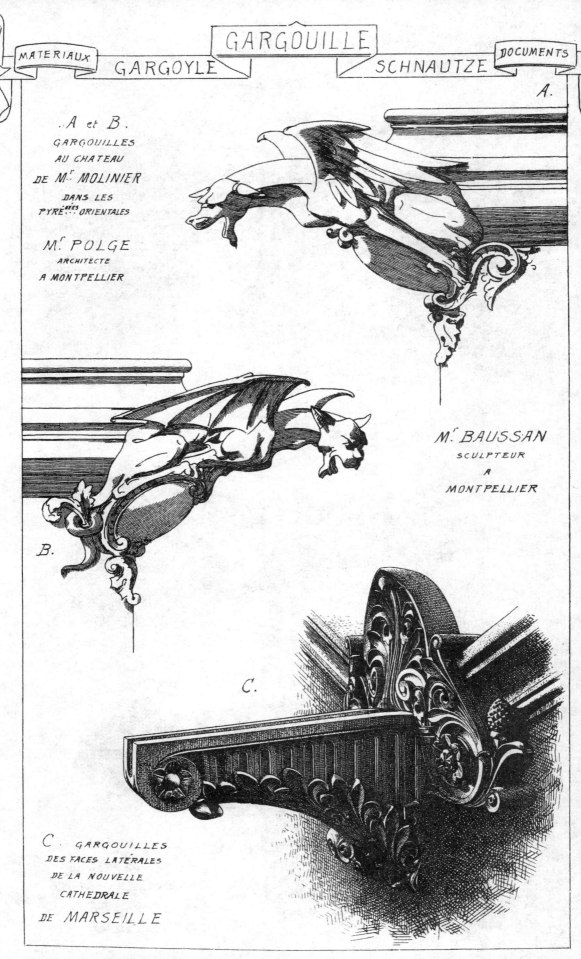

图A、图B 莫里尼耶先生的城堡中的嘎咕鬼，东比利牛斯省 建筑师：波尔日，于蒙彼利埃 雕刻师：博桑，于蒙彼利埃
图C 马赛新主教座堂侧立面处的檐槽喷口

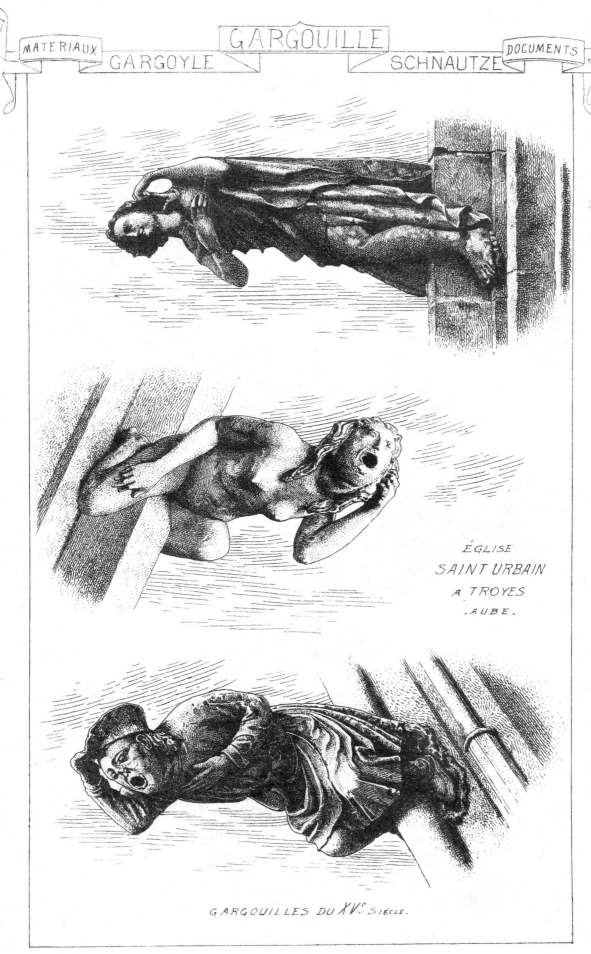

奥布省特鲁瓦的圣于尔班教堂，15世纪的嘎咕鬼

图A、图B、图C　特鲁瓦的圣于尔班教堂的嘎咕鬼
图D　14世纪特鲁瓦主教座堂的嘎咕鬼

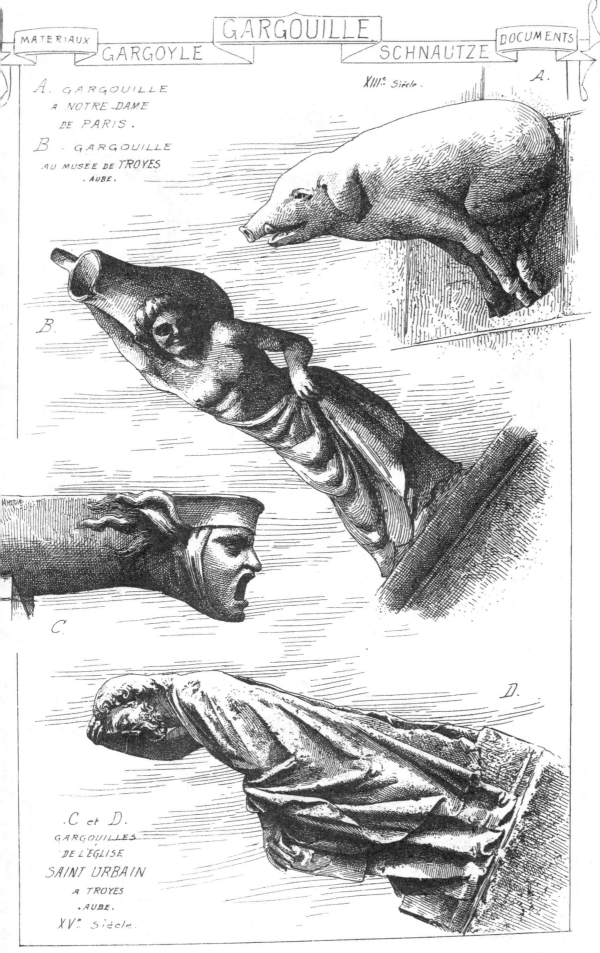

图A 巴黎圣母院的嘎咕鬼
图B 特鲁瓦博物馆的嘎咕鬼（奥布省）
图C、图D 15世纪特鲁瓦的圣于尔班教堂的嘎咕鬼

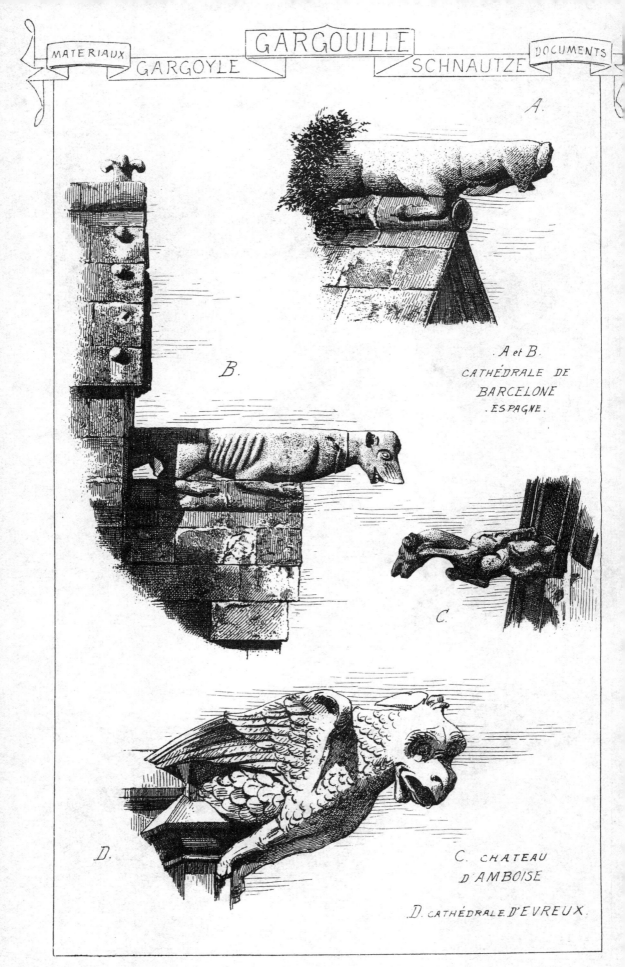

图A、图B 西班牙巴塞罗那主教座堂
图C 昂布瓦斯城堡
图D 埃夫勒主教座堂

西班牙巴塞罗那皇家司法宫，主立面处的嘎咕鬼，以及后立面处的嘎咕鬼

花叶边饰 Garland(Guirlande)

GUIRLANDE de feuilles de LAURIER par M' DARVANT Sculpt. Paris

GUIRLANDE de FLEURS. LOUIS XVI.

G.de de feuilles de CHÊNE. Ministère de la marine à Paris.

上图　月桂树叶边饰　雕刻师：达尔旺
中图　路易十六时期花边饰
下图　巴黎海军部橡树叶边饰

GUIRLANDE

MATERIAUX — GARLAND — BLUMENSCHNUR — DOCUMENTS

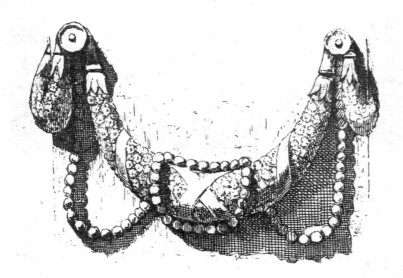

GUIRLANDE de MARGUERITES et de PERLES

BIBLIOTHÈQUE Ste GENEVIÈVE à PARIS

GUIRLANDE

MATERIAUX — GARLAND — BLUMENSCHNUR — DOCUMENTS

GUIRLANDE en BALDAQUIN

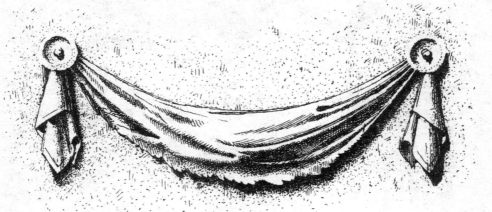

GUIRLANDE en DRAPERIE

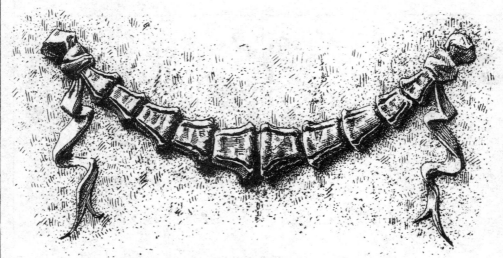

GUIRLANDE en FLOTS de RUBANS

上图　华盖边饰
中图　帷幕边饰
下图　丝带边饰

MATERIAUX — GUIRLANDE — DOCUMENTS
GARLAND — BLUMENSCHNUR

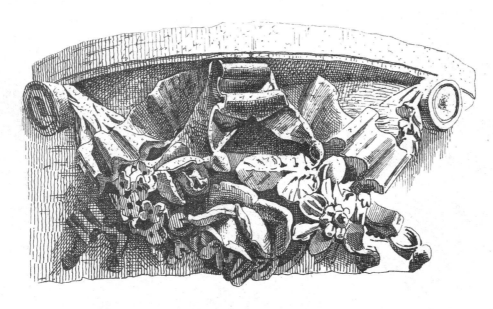

GUIRLANDE de FLEURS
par M' KALTENHEUSER Sculpteur
à PARIS.

GUIRLANDE de FRUITS.
par M' HOUTSTONT Sculpteur à BRUXELLES.

上图　花边饰　雕刻师：卡尔登浩桑，于巴黎
下图　水果边饰　雕刻师：乌斯通

巴黎卢森堡宫花园中喷泉处边饰
雕刻师：维勒米诺

| MATERIAUX | GARLAND | GUIRLANDE | BLUMENSCHNUR | DOCUMENTS |

FEUILLES de LAURIER EN TRESSES.

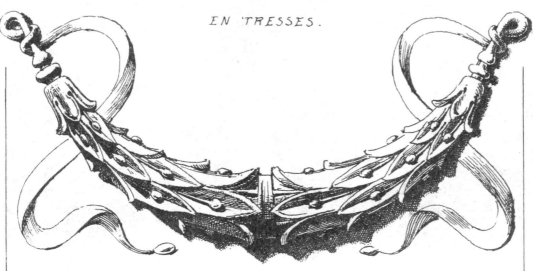

BIBLIOTHÈQUE NATIONALE de PARIS.

FEUILLES de LAURIER EN PAQUETS

BIBLIOTHÈQUE NATIONALE de PARIS

上图　巴黎国家图书馆穗状带箍月桂叶边饰
下图　巴黎国家图书馆块状月桂叶边饰

MATERIAUX — GUIRLANDE — DOCUMENTS
GARLAND — BLUMENSCHNUR

Escalier de la BIBLIOTHÈQUE des TUILERIES

Mr KNEHT Sculpteur

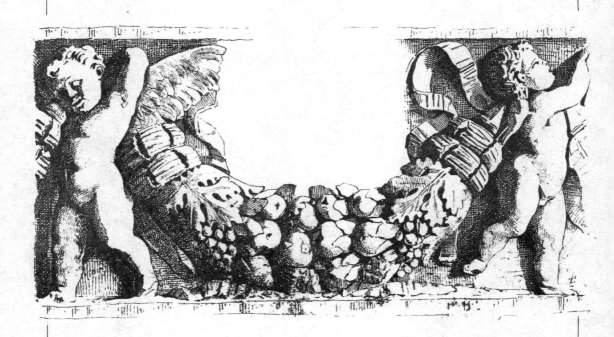

MUSÉE de NAPLES

上图　杜伊勒利宫图书馆楼梯　雕刻师：奈特

下图　那不勒斯博物馆

巴黎新歌剧院
建筑师：查尔斯·加尼叶

| MATÉRIAUX | GARLAND | GUIRLANDE | BLUMENSCHNUR | DOCUMENTS |

Théâtre des CÉLESTINS à Lyon. Mr Gaspard ANDRÉ Architecte. Mr CLAUSE, Sculpteur.

Nouveaux magasins du PRINTEMPS. Mr Paul SÉDILLE Archte, Mr L. CHÉDEVILLE Sculptr.

Nouveaux Magasins du PRINTEMPS. Mr Paul SÉDILLE Archte, Mr LEGRAIN Sculptr. Paris.

上图　里昂塞莱斯坦剧院　建筑师：贾斯帕德·安德雷　雕刻师：克劳斯
中图　巴黎春天百货新店　建筑师：保罗·塞迪耶　雕刻师：L. 瑟德维尔
下图　巴黎春天百货新店　建筑师：保罗·塞迪耶　雕刻师：勒格兰，于巴黎

GUIRLANDE

MATERIAUX — GARLAND — BLUMENSCHNUR — DOCUMENTS

Sculptures antiques au Musée du VATICAN à ROME.

罗马梵蒂冈博物馆古代雕刻

MATÉRIAUX — GARLAND — GUIRLANDE — BLUMENSCHNUR — DOCUMENTS

Frise d'une maison à VIENNE
Autriche

Frise d'une maison à MILAN. Sculpture moderne.

上图　奥地利维也纳一处寓所的中楣
下图　米兰一处寓所的中楣上的现代雕刻

MATÉRIAUX — GARLAND — GUIRLANDE — BLUMENSCHNUR — DOCUMENTS

Guirlande antique, Musée du VATICAN à Rome.

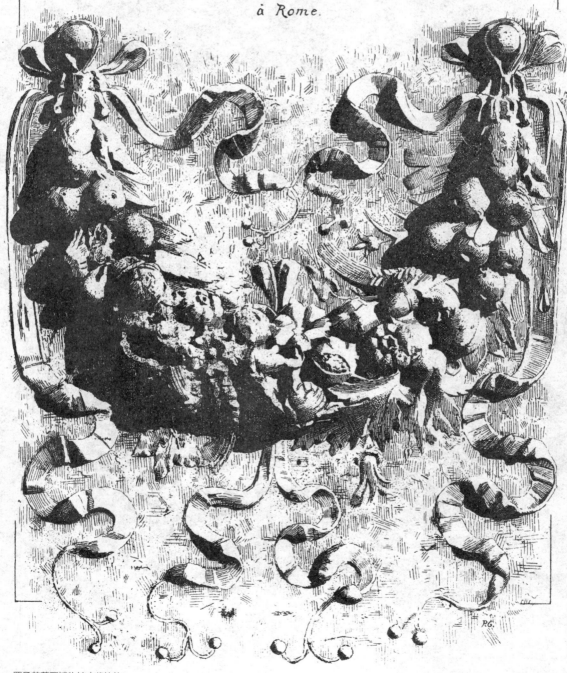

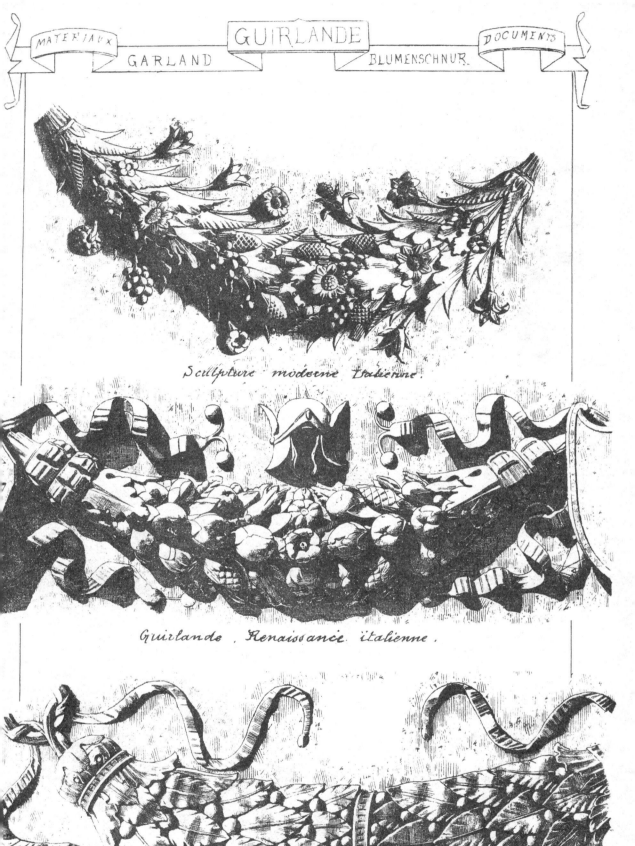

上图　意大利现代雕塑
中图　意大利文艺复兴时期边饰
下图　古代雕刻

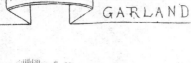

MATERIAUX — GUIRLANDE — DOCUMENTS
GARLAND — BLUMENSCHNUR

Guirlande d'enfants
Composition de TETTELEIN, (XVIIIᵉ siècle)

Frise d'une maison moderne à BERLIN (Allemagne)

Guirlande au tympan d'une des grandes portes du NOUVEAU LOUVRE. Mʳ LEFUEL Architecte.

上图　18世纪小天使边饰　绘制：泰特兰
中图　德国柏林一处现代寓所的中楣
下图　新卢浮宫一处大门的三角楣边饰　建筑师：勒夫尔

MATÉRIAUX — GARLAND — GUIRLANDE — BLUMENSCHNUR — DOCUMENTS

Guirlandes à FLORENCE par LUCCA della ROBBIA

Guirlande en bouquets séparés, Renaissance Italienne.

上图　佛罗伦萨一处边饰　雕刻师：卢卡德拉罗比亚
下图　意大利文艺复兴时期分束状边饰

门 Gate (Porte)

博马舍大道51号 比例 1：15

巴黎圣奥古斯丁教堂青铜门 比例 1：16.7

蒙日路17号 比例1：15

Boulevard MAGENTA 12.

玛真塔大道12号 比例1：15

圣米歇尔大道7号 比例1:15

PORTE EGYPTIENNE
Construite vers la fin du premier siècle de l'ère chrétienne.

建于大约 1 世纪末期的埃及门

雅典厄瑞克透斯神殿　比例 1∶32

PORTE ROMANE en BOURGOGNE XII² siècle

12世纪勃艮第地区罗马式大门

英国牛津大学礼拜堂大门

15世纪圣阿芒附近梅扬城堡礼拜堂大门（谢尔省）

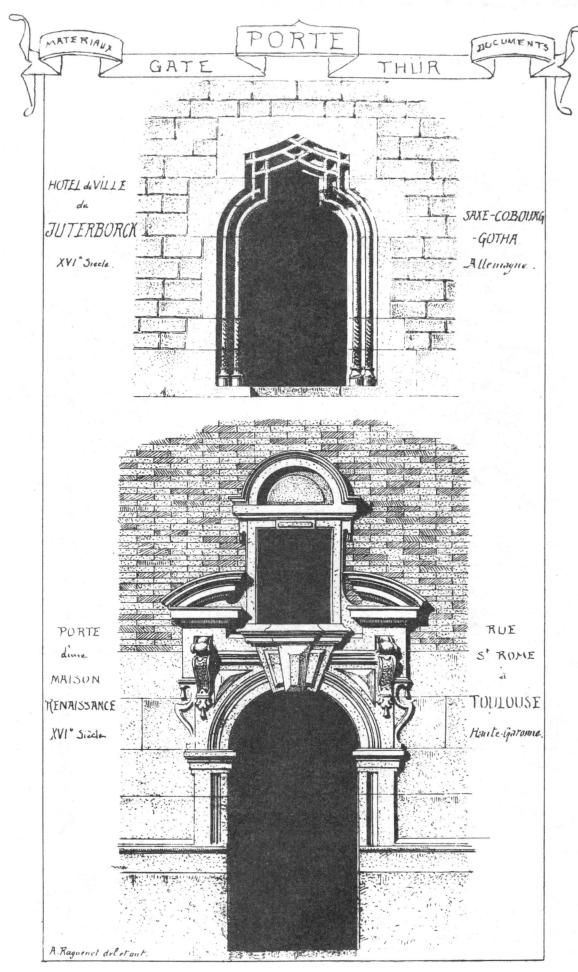

上图　16世纪德国萨克森·科堡·哥达王朝时期朱特博尔克市政府
下图　16世纪图卢兹圣罗马路一座文艺复兴时期寓所大门（上加龙省）

意大利佩鲁贾主教座堂大门

巴黎弗里德兰大街8号
建筑师：达维乌

PORTE à FRASCATI
Environs de ROME.

罗马附近弗拉斯卡蒂的一座门

Hotel-de-Ville de BRESLAU
Allemagne.

Porte d'un Escalier
dans la Cour de BAR
à Dijon.

左图　第戎一座酒吧庭院楼梯门
右图　德国布雷斯劳酒店

摩纳哥蒙特卡洛大剧院
建筑师：查尔斯·加尼叶

枫丹白露宫礼拜堂前厅入口处

17世纪德国菲尔斯特瑙一座大门

17世纪阿尔勒城圣托菲姆教堂左右两侧罗曼式大门

15世纪罗马威尼斯广场一处宫殿

PORTE — GATE — THUR

Porte de Ville à GÊNES, Italie.

意大利热那亚城门

16世纪罗斯奈约皮塔教堂南大门（奥布省）

圣尼古拉中心医院，梅兹，取自沙勒维尔建筑师拉辛先生的设计图

16世纪桑斯主教府门（约讷省）

MATÉRIAUX — GATE — PORTE — THÜR — DOCUMENTS

Porte Gothique à Châlons-s-Marne, XIVᵐᵉ siècle.

14 世纪马恩河畔沙隆的一座哥特式门

15世纪意大利普拉托主教座堂侧门

巴黎卢森堡宫的一座门（1615—1620）
建筑师：雅克德

| MATERIAUX | GATE | PORTE | THÜR | DOCUMENTS |

PORTE D'ANGLE, Rue Aiguillerie à PERIGUEUX.

16世纪佩里格制针厂路一座角门

15世纪末圣阿芒附近梅扬城堡练剑室门（谢尔省）

巴黎马勒塞布大道一座酒店门
建筑师：索维斯特

南特一座私营酒店的大门
建筑师：布尔日莱尔　雕刻师：格鲁塔埃斯

15 世纪默伦圣阿思贝教堂侧门

Château à Saultain (Nord). M. E. Dutouquet, Architecte.

索坦一座城堡门（北方省）
建筑师：E. 杜图盖

PORTE.

MATÉRIAUX — GATE. — THÜR. — DOCUMENTS

Cathᵉ de STRASBOURG.
Porte du transept conduisant à l'horloge.

斯特拉斯堡主教座堂从耳堂通往钟楼的门

17世纪德国士瓦本一座寓所门

Porte du cimetière de St THÉGONNEC (Finistère) – XVIᵉ siècle.

16 世纪圣泰戈内克公墓门（菲尼斯泰尔省）

Porte St MICHEL — Cathédrale de SÉVILLE (ESPAGNE).

西班牙塞维利亚圣米歇尔主教座堂大门

Église St Pierre à TOULOUSE (Haute Garonne).

图卢兹圣皮埃尔教堂（上加龙省）

16世纪阿宰勒里多城堡主建筑的一座门（安德尔-卢瓦尔省）

16世纪法国文艺复兴时期舍农索城堡盎格鲁塔的一座门（安德尔-卢瓦尔省）

17 世纪路易十四时期普罗旺斯地区艾克斯的博纳科尔斯酒店门，尽管这座门设计得非常精美，但是却很不出名，它是艾克斯的雕刻师 L. 布兰先生向我们推荐展示的

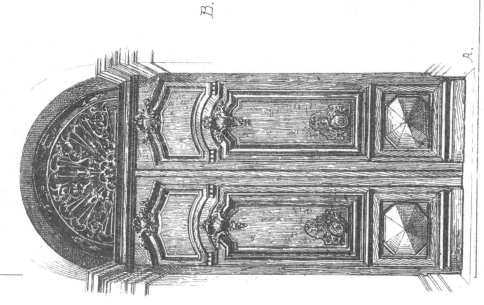

图 A 马赛圣弗雷奥尔广场 2 号的一座门 建筑师：G. 阿拉尔
图 B 巴黎圣奥诺雷市郊路的一座仿路易十四时期风格的现代门
图 C 马赛兵工厂路 24 号的一座门 建筑师：G. 阿拉尔

图A 巴黎圣奥诺雷路一座路易十四时期的门
图B 巴黎索邦大学一座路易十三时期的旧门，于新索邦修复后重新放归原位

Porte de l'Eglise des Chartreux à AVIGNON.

LOUIS XIII — XVIIᵉ Siècle.

Eglise de Sᵗ VULFRAN à ABBEVILLE (Somme).

Ventail de la porte de gauche sur la façade.

上图 阿维尼翁的查尔特勒修道院教堂的一座门
下图 17世纪路易十三时期阿布维尔圣乌勒弗兰教堂正面左侧一座门的气孔（索姆省）

17 世纪巴黎卢森堡宫，该建筑由雅克·德布罗斯为玛丽·美第奇建造

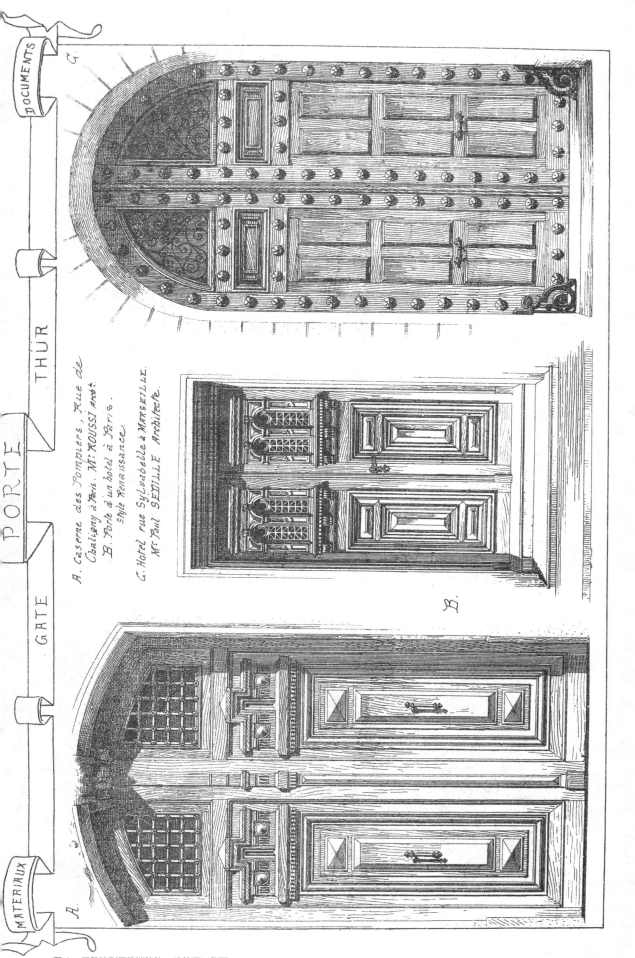

图A 巴黎沙利尼路消防队 建筑师：鲁西
图B 巴黎一座文艺复兴风格的酒店
图C 马赛西沃贝拉路的一座酒店 建筑师：保罗·塞迪耶

图A 路易十六时期巴黎沃吉哈赫路圣叙尔比斯教堂神甫住宅门
图B 路易十四时期巴黎王子殿下路

博韦主教座堂南面大门两个气孔之一（瓦兹省），16世纪勒坡雕刻师作品，文艺复兴时期最著名的作品之一

始建于17世纪的巴伐利亚的卡姆坝克的普拉森堡兵工厂的一座纪念门

建于1633年意大利热那亚围墙外的一座门

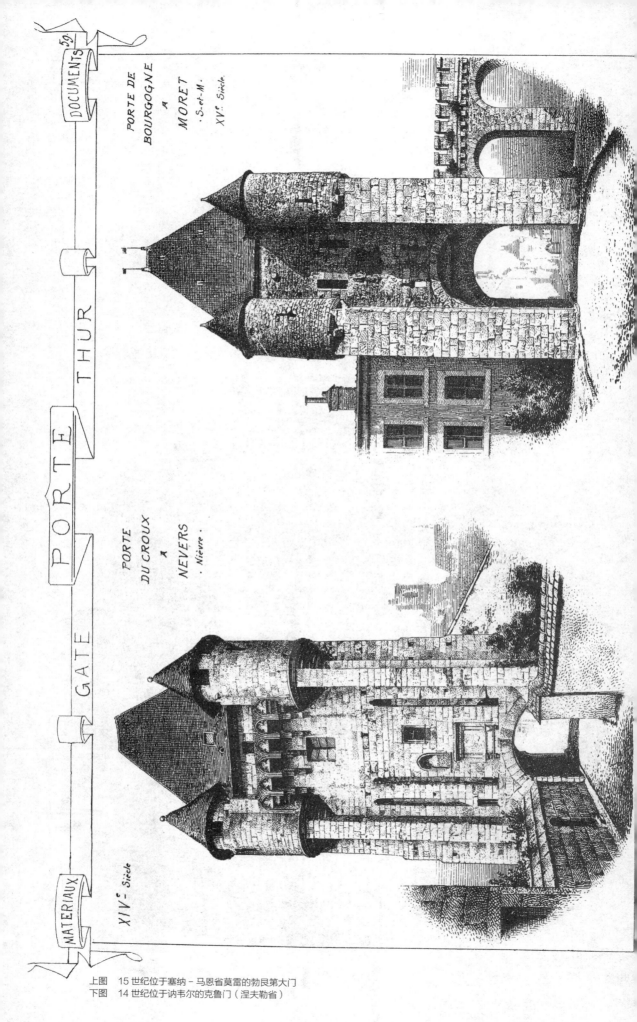

上图　15世纪位于塞纳-马恩省莫雷的勃艮第大门
下图　14世纪位于讷韦尔的克鲁门（涅夫勒省）

上图 拉罗谢尔大钟门，下夏朗德省，钟楼可追溯至 14 世纪，其顶饰可追溯至 1746 年
下图 朗格勒一座磨坊门，上马恩省，由沃邦建于 1647 年

上图 13世纪埃纳省拉昂市的一座门
下图 15世纪下卢瓦尔省盖朗德圣米歇尔门,如今为监狱和市政府的门

| MATERIAUX | GATE | PORTE | THÜR | DOCUMENTS |

PORTE DE L'ÉGLISE SAINT-ANDRÉ A VALENCE
ESPAGNE · XVIIᵉ Siècle.

| MATERIAUX | GATE | PORTE | THÜR | DOCUMENTS |

UNE DES PORTES DU REMPART
D'AIGUES-MORTES (GARD) XIIIe S.

PORTE SAINT-VINCENT
A AVILA (ESPAGNE) XIIe S.

PORTE DE SALOMON A TEBESSA. ALGÉRIE
Construite à l'époque byzantine (VIe Siècle) avec des matériaux tirés de ruines romaines.

左上图　13世纪艾格莫尔特一处城墙（加尔省）
右上图　12世纪西班牙阿维拉圣文森特门
下　图　阿尔及利亚泰贝萨所罗门之门，于6世纪拜占庭时期用罗马废墟中的材料建成

上图　位于西班牙科尔多瓦城的杰罗尼诺帕兹寓所门，16世纪文艺复兴时期
下图　枫丹白露宫方尖碑路一座文艺复兴时期的门，三角楣饰有弗朗索瓦一世时期的蝾螈

图书在版编目（CIP）数据

古典建筑与雕塑装饰艺术．第6卷／（奥）理格耐特（Raguenet, A.）著；陈捷，高连兴译．－－南京：江苏凤凰科学技术出版社，2016.1
　　ISBN 978-7-5537-5436-9

　　Ⅰ．①古　Ⅱ．①理　②陈　③高　Ⅲ．①古典建筑－装饰雕塑－研究　Ⅳ．① TU-852

中国版本图书馆 CIP 数据核字（2015）第 232357 号

古典建筑与雕塑装饰艺术　第6卷

编　　　著	（奥）A.Raguenet
译　　　者	陈　捷　高连兴
项 目 策 划	凤凰空间
责 任 编 辑	刘屹立
特 约 编 辑	王　梓
出 版 发 行	凤凰出版传媒股份有限公司 江苏凤凰科学技术出版社
出版社地址	南京市湖南路1号A楼，邮编：210009
出版社网址	http://www.pspress.cn
总 经 销	天津凤凰空间文化传媒有限公司
总经销网址	http://www.ifengspace.cn
经　　　销	全国新华书店
印　　　刷	北京建宏印刷有限公司
开　　　本	889 mm×1 420 mm　1/16
印　　　张	21
字　　　数	168 000
版　　　次	2016年1月第1版
印　　　次	2023年3月第2次印刷
标 准 书 号	ISBN 978-7-5537-5436-9
定　　　价	188.00元

图书如有印装质量问题，可随时向销售部调换（电话：022-87893668）。